ヘルプサイトの作り方

Web
アプリ

モバイル
アプリ

デスクトップ
アプリ

ハード
ウェア

仲田尚央
Nakata Naohiro

山本絵理
Yamamoto Eri

技術評論社

本書で利用しているサンプルコードはWebで公開しています。詳細は本書サポートページを参照してください。補足情報や正誤情報なども掲載しています。

https://gihyo.jp/book/2019/978-4-297-10404-7/support

はじめに

プロダクトの数だけヘルプがあると言っても過言ではないほど、ヘルプはプロダクトに欠かせないものです。ヘルプがなくても使えるプロダクトにすることが理想ですが、現実的には困難でしょう。筆者らが所属しているサイボウズが開発するグループウェアのように大規模なプロダクトでは特に、プロダクトの使いこなし方をユーザーに伝える上でヘルプなどのドキュメントは必要不可欠です。

ヘルプには日々膨大なアクセスがあります。ヘルプへのユーザーのアクセス数は、プロダクトのプロモーションサイトより多くなることも多いでしょう。ユーザーがプロダクトに関わる時間は、購入検討時よりも購入後のほうが長いからです。特に、近年増えているサブスクリプションモデルのプロダクトでは、ユーザーにプロダクトを利用し続けてもらうためのフォローが重要になります。ヘルプはユーザーと継続的に関わる大きなタッチポイントであり、ヘルプの満足度はプロダクトの満足度に大きく関わります。

では、どうすれば満足度の高いヘルプにできるのでしょうか？　この本を読もうとしている方の中には、文章を書くことに不慣れな方もいると思います。ですが、ヘルプの文章を書くのに文才がいるわけではありません。ユーザーがヘルプに不満を抱く原因は、探している情報が見つからないこと、逆に情報が多すぎて読むストレスが大きいこと、使われている言葉の意味がわからないことなどに依る場合がほとんどです。そのため、「誰に何を伝えるか」「情報をどう探させるか」という設計をしっかり行うことが重要であり、多少の文法の間違いは問題になりません。このような理由から、本書では、コンテンツを作る前に行うヘルプ全体の設計に重点を置いて解説するようにしました。

また、本書はWebサイトとして作るヘルプに特化して解説しています。Googleなどの検索サイトの利用が一般化した現在では、ユーザーはヘルプにアクセスして必要な情報を探すのではなく、検索サイトで検索して情報を探すことが多くなりました。実際、サイボウズのヘルプでも、約半数のユーザーは検索サイトを経由してヘルプにアクセスしています。Webサイトとしてヘルプを作ることで、ユーザーは検索サイトを使って情報を探しやすくなります。

Webサイトとしてヘルプを作ることには、ヘルプにアクセスしたユーザーの足跡（アクセスログ）を確認できるというメリットもあります。ヘルプは作って公開することがゴールではありません。使いやすく役に立つヘルプにするためには、公開後の継続的な改善こそが大切です。改善しようとしてもどこから手をつければよいのかわからなかったり、改善施策を打ったものの、効果があったのかわからなかったりすることも多いと思います。本書では、効果を確認しながら効率良くヘルプを改善していくためのノウハウも解説するようにしました。

さらに、近年広がるアジャイル開発に対応するために、プロダクトの仕様変更やリリース計画の変更に柔軟に対応し、素早くヘルプコンテンツを制作し公開していく運用について、サイボウズでの運用例も取り上げます。アジャイル開発では、開発期間が短縮され、新機能や機能改善が高頻度にリリースされます。それは、ヘルプにとってはコンテンツの制作にかけられる期間が短くなることを意味します。また、プロダクトの仕様変更やリリース計画の変更への対応も必要になってきます。

なお、本書の内容は決して筆者だけで学び得たものではなく、サイボウズのヘルプ運用チームが得たノウハウを凝縮したものです。素晴らしいチームメンバーに感謝します。特に、レビューに協力してくださった近藤有紀さんには深く感謝します。また、執筆中の長い間、根気強くサポートしてくださった技術評論社の池田大樹さんに感謝します。最後になりますが、長い執筆期間中ずっと支えてくれた家族と友人に感謝します。皆様の支えがなくては、本書を書き上げることはできませんでした。

本書がヘルプをより使いやすく役に立つものにする一助になれば幸いです。

2019年1月

仲田 尚央

目次

第2章 誰に何を伝えるかを整理する 15

第3章 ユーザーの使い方を意識して構成を設計する 25

第6章 記事を作る ——文章と図解のテクニック 75

ヘルプの基本

この本を手に取った読者の方の中には、ヘルプの制作が未経験で、制作の必要に迫られている方も多いと思います。未経験の場合は特に、どこから手をつければよいのか、どのようなプロセスを踏めばよいのか、また、どのような情報を載せればよいのか見当も付かないことも多いでしょう。第1章では、ヘルプ制作の心構えとして、必要なスキル、ヘルプに求められる役割や、良いヘルプの要素について考察します。また、第2章から制作に入っていく下準備として、制作の大まかな流れを解説します。

ヘルプ制作に必要なスキル

まずは、ヘルプ制作にはどのようなスキルが必要になるか考察しましょう。

ヘルプ制作に文章力は必要？

ヘルプ制作は、それを専門としない人が担当することもあると思います。そのような場合、自分の文章力に自信がない人もいるでしょう。ですが、ヘルプのような技術文書においては、情報が誤解なく伝わりさえすれば、文章表現の良し悪しや文法の間違いは大きな問題にはなりません。ヘルプのユーザーが不満を感じるのは、文章の読みづらさや文法の間違いよりも、探している情報が見つからないことなどに依る場合がほとんどです。

文章力がある人は、文章を書き慣れています。そのため、短時間に多くの文章を書けます。中には、起承転結のストーリーを頭の中だけで完結させ、一度に書き出せる人もいるかもしれません。ですが、ヘルプ制作に起承転結はまったく必要ありません。ユーザーは、求めている情報をできるだけ早く知りたいと思っています。それなのに、最後まで読まないと結論がわからないようでは、かえって不満に思うでしょう。

さらには、文章の多さがマイナスになることもあります。ユーザーは、文章を読みたいと思ってヘルプを開いているわけではありません。求めている情報を得たいだけです。そのような状況においては、必要な情報以外は情報を探す上でのノイズになります。理想的なのは、必要な情報が載っていて、かつ不要な情報が載っていない簡潔なヘルプです。

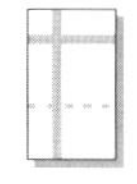

文章力より設計力

「必要な情報が載っていて、かつ不要な情報が載っていない簡潔なヘルプ」の制作に必要なのは、文章力より設計力です。ヘルプ制作における設計とは、次のことを言います。

- 想定ユーザーのスキルや状況を考え、何を伝えるべきかを明確にする
- ユーザーがどのような状況でどのような情報を探すかを考える
- ユーザーが必要な情報を見つけやすいように、情報を整理して構造化する

つまり、「あるべき情報があるべき場所にあり、そこにユーザーが辿り着ける」という状態を目指します。そのためには、コンテンツを作り始める前に、上記の設計のプロセスに時間をかけて、ヘルプの構造と載せる内容を決めることが大切です。どこに何を書くかあらかじめ決まっていれば、コンテンツを作る段階に入っても、迷いなく文章を書けるようになります。

ヘルプの役割

ここで、ヘルプに求められる役割について整理しましょう。

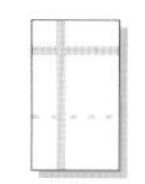

プロダクトの使い方をユーザーに伝える

真っ先に挙げられるのは、プロダクトの利用ユーザーにプロダクトの使い方を伝えることでしょう。伝える情報には、操作方法のほか、プロダクトの使い始めに必要な設定、初心者向けのチュートリアル、便利な使い方や、トラブルへの対処方法などが挙げられます。

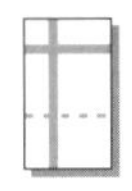

サポートコストを低減する

次に挙げられるのは、サポートコストの低減です。近年ではサブスクリプションモデルのサービスが増えていますが、低価格なサービスでは、できるだけ人的リソースを投入せずに低コストで顧客を継続的にサポートすることが求められます。

たとえばサイボウズのヘルプには、オフライン版を除いても本書執筆時点で月80万を超えるアクセスがあります。ヘルプにアクセスしたユーザーが目的の情報を得られるかどうかによって、コールセンターへの問い合わせの数は大きく変わってきます。ユーザーにとっても、ヘルプを見ることで必要な情報が得られれば、コールセンターに問い合わせて回答を得るまでの待ち時間が不要になります。

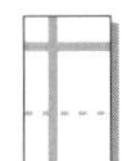

プロダクトの改善ポイントを知る

3つめは、プロダクトの改善ポイントを知ることです。ヘルプには、プロダクトの操作で迷ったユーザーが数多くアクセスします。ユーザーはなぜヘルプを見たのでしょうか？　また、何を探したのでしょうか？　ヘルプのアクセスログや検索ログには、プロダクトの改善ポイントを知るために役立つ情報が詰まっています。アクセスが多い記事や、検索数が多いキーワードを抽出し、ユーザーがどこで迷って何を探しているのか確かめましょう。

良いヘルプの要素

ここまで述べたとおり、良いヘルプを作ることで大きな効果が見込めます。それでは、「良いヘルプ」とは何なのでしょうか？　どのような要素を満たせば、「良いヘルプ」になるのでしょうか？　これを把握しておくことで、何に注意してヘルプを制作すればよいのかが見えてきます。

役に立つ

最も大切なのは、「役に立つ」ことでしょう。いくらたくさんの情報がヘルプに載っていても、ユーザーにとって役立つ情報でなければ意味がありません。

「役に立つ」という要素は、当たり前に思えるかもしれません。しかしながら、意外とこの要素は抜けがちなのです。特に、エンジニアがプロダクト開発の傍らでヘルプを制作する場合によくあるのは、仕様書のようなヘルプを作ってしまうことです。ユーザーにとって役立つ情報かどうかにかかわらず、ユーザーが知る必要のない内部仕様までヘルプに詰め込んでしまいがちです。その結果、ユーザーにとって不要な情報が多くなり、ユーザーは目的の情報を見つけ出せなくなります。

大切なのは、「作り手が伝えたいこと」と、「ユーザーが知りたいこと」の両方の情報が、無駄なく載っていることです。

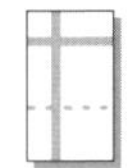

探しやすい

2つめは、「探しやすさ」です。探している情報は、ユーザーごとに異なります。それぞれのユーザーの目的に応じた情報が見つかるようにヘルプを設計することが大切です。

Webサイトへのアクセスは、地図から目的地を探すプロセスにたとえられることがあります。情報が少ないWebサイトは、町内の地図のようなものでしょう。個々の道の名前や建物などの詳細情報を載せることで、地図を見る人は自分が今どこにいるのか把握でき、目的地に辿り着きやすくなります。繁華街や観光スポットなど、多くの人が訪れる場所は目立つように記載してあげれば、より使いやすい地図になりそうです。これはヘルプでは、「よくある質問」などにあたります。

Webサイトの情報量が多くなると、地図は都道府県の地図、さらには日本地図のようになってきます。町内の地図のように個々の建物や道の名前まで記載していては、情報量が多すぎて、地図を見る人はどこを見ればよいのかわからなくなるだろうと想像できます。画面を埋め尽くした情報から目的地名を探し出すことは困難でしょう（**図1.1**）。細かな情報をすべて記載するのではなく、記載の粒度を下げて県名や有名な都市名だけを記載したほうが、見やすく使いやすい地図になりそうです。県や都市の詳細は、それを知りたいユーザーだけが見ればよい情報です。これには「適切な情報の分類」が必要になってきます。

図1.1　情報量が多すぎる地図

さて、情報の分類が必要になることはわかりましたが、いざやってみると分類の難しさに気付きます。ユーザーによって情報の探し方は違うからです。日本地図から特定の山（たとえば「蓼科山（たてしなやま）」）を見つけることを想像してみてください。見つけられない方も多いでしょう。地図から「蓼科山」を探すには、「蓼科山は長野県にある」「長野県は中部地方にある」という、地域で分類した事前知識が要求されます。その事前知識がないと、日本全国の山々（Webサイトで考えると、サイト内のすべてのページ）をくまなく探していかなければなりません。この例からわかるように、情報の分類はユーザーの事前知識からはみ出さないように注意して行う必要があります。

また、山を名前で探すとも限りません。「景色が良い山を探したい」「日帰りで登れる初心者向けの山を探したい」といった探し方も考えられるでしょう(**図1.2**)。このような探し方をするユーザーに地図を見せても、役に立ちません。地域での分類ではなく、景色などの特長や、登山の難易度などで山を分類したほうが役立ちそうです。

図1.2 同じ情報でもさまざまな分類方法がある

このように、ユーザーの知識や探し方によって、情報の最適な分類は異なります。わかりやすさのために地図を例に出しましたが、このことはヘルプでの情報分類にもあてはまります。やりたいことの実現方法を探すユーザーに機能名で分類した説明を見せても、ユーザーはどの機能を使えばよいのかわからないでしょう。大切なのは、ユーザーの情報の探し方を想定して情報を分類することです。

正しい

ヘルプに掲載する情報には、正しさが求められます。正しい仕様を書くことは当然ながら、それを誤解なくユーザーに伝達する必要があります。自分では正確に書いているつもりでも、複数の意味にとれる文章や、読み手によって捉え方が異なる文章を書いてしまうことはよくあります。たとえば、次の文章は読み手によって捉え方が異なります。

読み手によって捉え方が異なる文章の例

業務時間中は、システムに重い負荷がかかる処理は実行しないでください。

「重い負荷がかかる処理」の解釈は人によって違います。そのため、この注意書きは情報を正しく伝達できません。

また、図解は適切に使えばユーザーの理解を助ける必要不可欠なものですが、誤解を招きやすいものでもあります。たとえば**図1.3**の矢印を見て、「フォルダーＡをフォルダーＢに入れる」の意味と受け取る人もいれば、「フォルダーＡの名前をＢに変える」の意味に受け取る人もいるでしょう。図だけで伝えようとせずに、文字や文章と併用するのが適切です。

図1.3　図は誤解を招くこともある

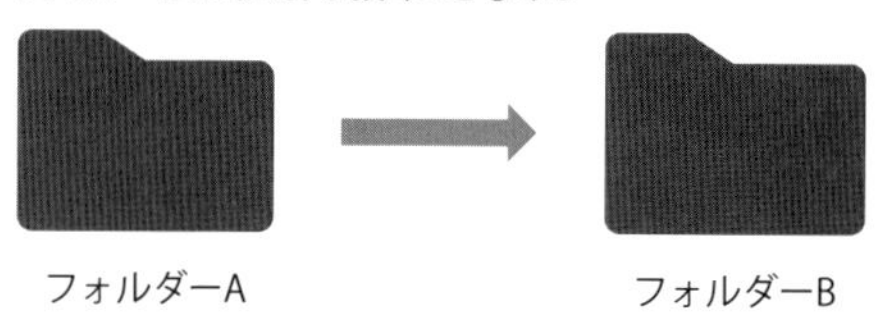

誤解される文章や図は、作り手自身ではなかなか気付けません。作り手は、その文章や図が伝えたいことを知っているからです。可能であれば、作った文章や図は、ほかの人にチェックしてもらいましょう。チェッカーは、仕様を理解していない人だとなお良しです。チェッカーがいない場合は、何日か空けてから自分で見直してみましょう。

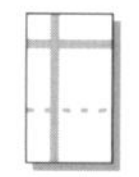

わかりやすい

最後に挙げるのは、わかりやすさです。ユーザーは文章を読みたくてヘルプを見ているのではありません。求めている情報を早く得たいと思っています。そのため、できるだけ簡潔に説明しましょう。また、読みやすい文章や図になるように工夫しましょう。

文章を読みやすくする工夫の一例を紹介します。

変更前

充電中はスマートフォンが高温になり、その状態での使用はバッテリーの劣化を早めますので、充電中のスマートフォンの使用は控えてください。

一文を短くして読みやすくした例

充電中はスマートフォンが高温になります。高温の状態での使用はバッテリーの劣化を早めます。充電中のスマートフォンの使用は控えてください。

1つの文に1つの意味だけを込めるように変えました。変更前より、ぐっと読みやすく感じませんか？　だらだらと長い文章は、係り受けがわかりづらくなります。また、何が言いたいのかなかなかわからず、読んでいてイライラします。

さらに工夫して、言いたいことを最初に言うようにすると、次のようになります。

要求することを先に述べた例

充電中のスマートフォンの使用は控えてください。充電中はスマートフォンが高温になります。高温の状態で使用すると、バッテリーの劣化を早めます。

1つめの文だけを読めば、要求がわかります。残りの文章は読み飛ばされても問題ありません。要求の理由を知りたい人だけが読めばよいのです。文章や図をわかりやすくする工夫は、第6章で詳しく解説します。

ヘルプを制作する流れ

この本では、ヘルプの制作と公開後の改善プロセスを、流れに沿って解説していきます。ここでは、各フェーズの概要を紹介します。

誰に何を伝えるかを整理する

ヘルプは、初心者から上級者まで幅広いユーザーを対象に情報を発信します。ユーザーが持つ事前知識（ITスキルなど）もさまざまです。しかしながら、誰にとってもわかりやすいヘルプを作ることはできません。伝える相手があやふやだと、説明が曖昧で、漠然としたものになってしまいます。伝える相手をできるだけ具体的に絞り込んで、相手がプロダクトをどう使うのかをイメージできていることが大切です。

ヘルプの制作に入る前に、プロダクトの利用ユーザーについて、次のポイントを明らかにしておくとよいでしょう。

- 立場（企業向けのプロダクトであれば、管理者なのか、エンドユーザーなのかなど）
- 知識レベル
- プロダクトの利用目的
- プロダクトの利用中につまずくところ
- ヘルプを利用する状況

また、プロダクトについても、次の点を整理しておきます。

- プロダクトの使い始めに必要な準備と基礎知識
- 各機能の利用シナリオ
- 各機能の操作手順
- 利用上の注意事項
- 制限事項（できないこと）

可能であれば、自分でもプロダクトを使い込んで、利用中に感じたことや、つまずいたポイントを書き出しておきましょう。プロダクトとユーザーへの理解が大きく深まります。このフェーズの詳細は、第2章で解説します。

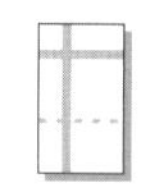

構成を設計する

誰に何を伝えるのかが決まったら、伝える情報をユーザーが理解しやすい構成に整えます。また、ナビゲーションバー、ツリーナビゲーションや検索エンジンなど、さまざまなナビゲーション要素を組み合わせてWebサイトを設計します。

ここではユーザーがどう情報を探すのかを意識しながら設計することが大切です。また、ユーザーがどのような言葉で情報を探すかを考えて、カテゴリー名と記事タイトルを決定します。このとき、専門用語や社内用語などを使わないよう注意します。

情報の分類や使用する文言は、ユーザーの頭の中にあるものと一致するのが理想です。しかしながら、自分の頭だけで考えてそれを実現するのは難しいでしょう。そんなときは、「カードソーティング」というユーザーテストが役立ちます。このテストでは、ヘルプに載せる情報をカードに書き出して、そのカードをユーザーに分類してもらいます。その分類の過程や結果を観察し、分析することで、ユーザーの頭の中をさぐります。テストの結果は、ユーザーを理解する上で大きな助けになります。

構成の設計については第3章で、ナビゲーションの設計については第4章で解説します。また、カードソーティングについては第9章で取り上げます。

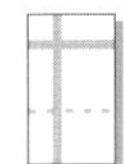

スタイルガイドや用語集を準備する

ユーザーに伝える内容と構成が決まったら記事の制作に入りますが、その前に、文章表現、用語や記号のガイドラインを用意しておくことをおすすめします。ガイドラインを用意することには、次のメリットがあります。

- 文章、用語や図解の表現に統一感が生まれ、読みやすくなる
- 表現や用語の迷いが減って、記事の制作が効率化される
- 制作担当者が変わる場合に引き継ぎやすくなる

用語と記号については特に、ガイドラインが必要です。たとえば同じ記号が場所により違う意味で使われていると、意図した意味がユーザーに伝わらないことがあります。スタイルガイドと用語集の準備についての詳細は、第5章で解説します。

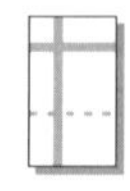

記事を作る

いよいよ記事の制作に入ります。ここまでのフェーズで誰に何を伝えるかは決まっているので、それを記事にしていくだけです。

小説と違って、記事の全文を読むユーザーはあまりいません。ユーザーは、自分が知りたい情報だけをピックアップして読みます。ですので、どこに何が書いてあるのかがわかりやすいように、適切な見出しを付けることが大切です。見出し名は、内容を具体的にイメージできるものにします。

図を使った視覚的な説明も重要です。サイボウズで実施したユーザーテストでは、ユーザーが文字より図に目を向ける行動が観察されています。とはいえ、図だけですべてを伝えることはできませんし、アクセシビリティの問題も生じます。図と文章を組み合わせて説明しましょう。

文章を書くことに不慣れな人は、何から書き始めればよいのかわからず、筆（キーボード？）が進まないことが多いと思います。そんなときは、まず載せる内容をすべてリストアップしてから、それを文章にしていくと、流れ良く記事を書けます。第6章では、次の内容を解説します。

- 不慣れな人でも使える執筆のコツ
- 情報をわかりやすく正確に伝える文章テクニック
- 図解のテクニック

さらに、第7章では記事を検索最適化するテクニックを解説します。検索最適化とは、GoogleやYahoo!などの検索エンジンを使って情報を探しやすくするための工夫のことです。記事の書き方を工夫すれば、ユーザーの探している情報が載った記事が検索結果の上位に出やすくなり、検索性が大きく高まります。

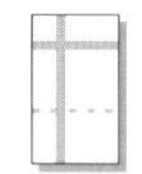

記事をチェックする

制作した記事は、できる限りほかの人のチェックを通しましょう。作り手自身では、誤解される文章や図になかなか気付けません。チェックは複数回に分けて行うのが理想的です。全体から詳細へ、段階的に確認します。

1回めのチェックは、記事の構成を決めた段階で通します。この時点で、情報の探しやすさと過不足を確認しておきます。2回め以降のチェックは、記事を書き終えたあとに通します。文章表現のわかりやすさの確認と、仕様と違う情報がないことの確認が目的です。記事を書き終えたあとで、構成から大幅に変更するのは大変です。チェックを複数回に分けると、そのような手戻りを減らせます。

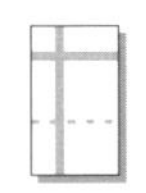

公開後にフィードバックをもとに改善する

チェックが完了したら、ついに公開です。とはいえ、公開して終わりではありません。プロダクトがリリースして終わりではないのと同じく、ヘルプも公開後の改善が重要です。むしろ公開後の改善のほうが重要と言っても過言ではありません。

改善の方針を立てるには、現状の評価が必要です。公開中の記事の評価や、不足している情報を確認しましょう。現状を評価するために必要な情報源には、次のものがあります。

- ユーザーからの問い合わせ
- ヘルプのアクセスログや検索ログ
- ユーザーアンケート
- プロダクトやヘルプのユーザーテスト

ユーザーから受けた問い合わせの内容を見ると、ヘルプに不足した情報がわかります。また、ヘルプに情報が載っているにもかかわらず問い合わせが多い場合は、ヘルプへのユーザーの誘導や、ヘルプのナビゲーションに課題があることがわかります。

ただし、ユーザーからの問い合わせばかりを見ていると、不足した情報の追加だけに追われてしまいがちです。これは、改善の優先度がわからないからです。大きな効果を見込める改善を進めるために、ヘルプのアクセスログや検索ログを集計したり、アンケートを取得したりすることをおすすめします。閲覧数が少ない記事より多い記事を改善したほうが、見込める効果は大きくなります。また、記事にオンラインアンケートを組み込むことで、より評価が低い、改善が必要な記事を定量的に絞り込めます。

アクセスログやアンケート結果を利用して、KPI（Key Performance Indicator、改善の効果を測る指標）を決めることもおすすめです。指標を決めれば、ヘルプを改善する施策の効果を定量的に測ることが可能になります。

第8章では、アクセスログやアンケートなどのデータを用いたヘルプの改善について解説します。また、第9章では、ヘルプのユーザーテストについて解説します。

誰に何を伝えるかを整理する

ヘルプ制作の最初のステップは、ユーザーに伝える情報の収集です。

「相手の気持ちを考えろ」――このようなことを家族や友人から言われた経験がある人はいますか？　コミュニケーションをとる上で相手の気持ちを考えることは大切ですが、人はつい自分の視点だけで物事を見てしまいがちです。ヘルプの制作者には、ぜひ意識してほしいことがあります。それは、「ユーザーの視点でプロダクトを見ること」です。これを強く意識しないと、ヘルプの制作者はつい開発者側の視点でプロダクトを見てしまいます。プロダクトのメーカーに所属するヘルプ制作者は特に開発チームに近い立場にいるため、視点が開発者側に寄ってしまいます。

ヘルプには、「書き手が伝えたい情報」だけでなく「読み手（＝ユーザー）が知りたい情報」も必要です（**図2.1**）。両者は必ずしも一致しません。そのため、開発者側の視点だけでプロダクトを見ると、「書き手が伝えたい情報」だけが載ったヘルプになります。これでは良いヘルプになりません。

図2.1　読み手が知りたい情報を意識する

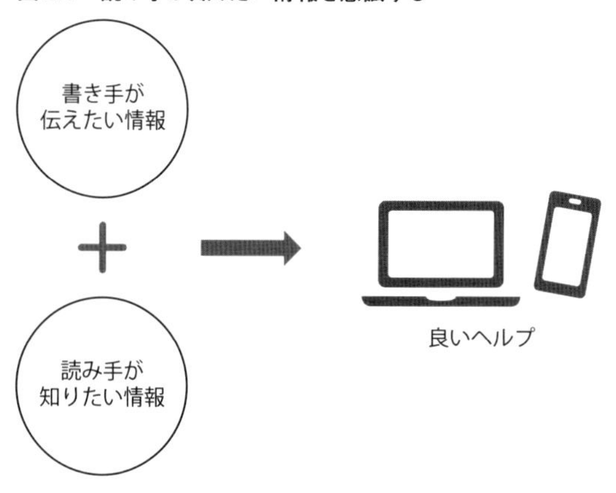

プロダクトの利用ユーザーを理解する

とはいえ、プロダクトにはいろいろなユーザーがいます。年齢、事前知識、プロダクトの利用動機、立場など、どれを取ってもバラバラです。当然、へルプにもさまざまな読み手がいます。「ユーザーの視点」とは誰の視点なのでしょうか？　どうすればユーザーの視点を持てるのでしょうか？

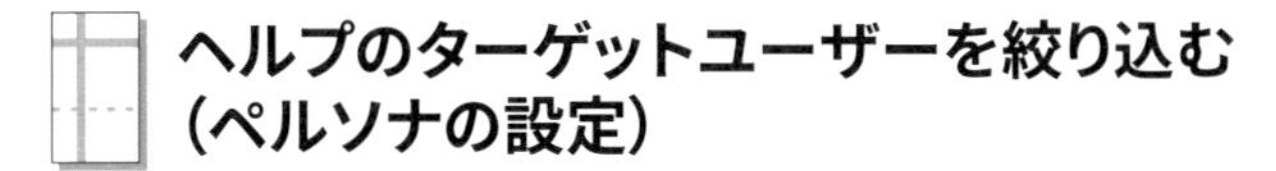

ヘルプのターゲットユーザーを絞り込む（ペルソナの設定）

ユーザーの視点を持つためには、ヘルプのターゲットユーザーをできるだけ絞り込んで、ユーザー像を具体的にすることが重要です。

ヘルプ制作の目的の1つであるサポートコストの削減と、ヘルプのターゲットユーザーを絞り込むことは、つじつまが合わないように思えるかもしれません。しかしながら、ヘルプの効果を最大化するためにも、ターゲットユーザーを絞り込むことは重要です。あらゆるユーザーをカバーするヘルプを作ろうとすると、結局は誰にとってもわかりづらいヘルプになってしまうからです。この考えは、ユーザーインタフェースやデザインの分野での「ペルソナ」（persona）の考えと同様です。

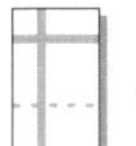

ペルソナとは

ペルソナとは、プロダクトにとって最も重要で象徴的なユーザーをモデル化したものです。『コンピュータは、むずかしすぎて使えない！』（アラン・クーパー著、山形浩生訳、翔泳社、2000年）の中で、アラン・クーパー氏によってソフトウェア開発手法として提唱されました。ユーザーのイメージを喚起するために使われます。

ペルソナは、実在の人物ではなく、ターゲットとするユーザー群が持つ特性をまとめた架空の人物です。名前、年齢、事前知識や、ユーザーが持つ課題、プロダクトの利用目的など、できるだけ具体的に設定します。それにより、ヘルプ制作などのプロジェクトに関わる人の共感を呼び起こし、ユーザーの行動や思考を想像できるようにします。

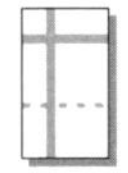

ペルソナの設定による効果

ユーザーのトラブルを未然に防ぐために、ヘルプには制限事項など細かな情報が載ります。ヘルプを制作、管理している人であれば、プロダクトの開発チームやサポートチームなどから依頼を受けて、細かな注意事項や制限事項をヘルプに追記した経験があるのではないでしょうか？　その情報が多くのユーザーにとって必要な情報であれば問題ありませんが、ごく一部のユーザーだけが必要とする情報や、必要になる状況に滅多にならない情報に増えていくと、多くのユーザーにとって必要な情報が埋もれていってしまいます（**図2.2**）。

図2.2　ヘルプの情報が増えることによる弊害

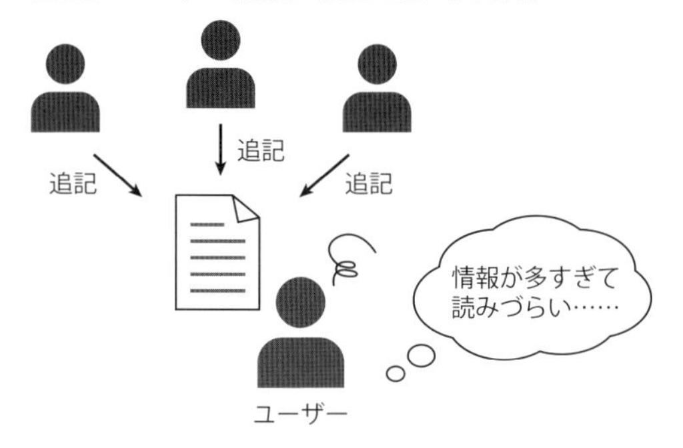

そこで、「主なターゲットユーザーは誰か」を明確にしておくことが求められます。ターゲットユーザーにとって必要な情報と、それ以外の情報を視覚的に分けます。それにより、主なターゲットユーザーにとって満足度の高いヘルプの制作を目指します。

そのほかにも、ヘルプのターゲットユーザーを絞り込むことには、次のことが可能になるメリットがあります。

- ユーザーがプロダクトを利用する目的に紐付けて、機能の用途を具体的に説明できる
- ユーザーの事前知識を想定して、文章表現や説明の粒度を合わせられる
- ヘルプの制作チーム内でターゲットユーザーの認識を合わせられる

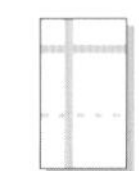

ペルソナの例と構成要素

ペルソナは、ヘルプ制作者だけでなくプロダクトの開発チームやマーケ

ティングチームと共通のものにすべきです。通常はヘルプ制作のためだけにペルソナを作成することはなく、プロダクト開発で設定されたペルソナに合わせます。既存のペルソナがない場合は、ユーザーからの過去の問い合わせ内容、ヘルプのアクセスログ、プロダクト開発関係者へのヒアリングなどの情報をもとに設定しましょう。**図2.3**はペルソナの例です。

図2.3　ペルソナの例

名前：
山田 太郎（29歳）

所属企業：
ネットワーク機器販売会社
従業員数110名

部署：
営業推進部（13人所属）

職務内容：
営業活動を支援するために、営業案件や顧客情報の管理、営業施策の企画を担当する

【部署の課題とプロダクトの利用目的】
営業案件をスプレッドシートで管理しているが、データの管理が複雑化している。具体的には、次の問題が起こっている。

■複数の担当者がファイルを同時に編集してしまう
営業案件を管理する複数の担当者が同時にシートを編集してしまうことがある。その結果、直前に編集した担当者 A がシートを保存する前に、別の担当者 B がシートを開いて編集してしまい、担当者 A が編集した内容が消えてしまう、というトラブルが起こっていた。
トラブルの再発を防ぐため、担当者間で連絡を取り合って同時編集を回避しているが、効率が低下している。

■いつ、誰が、どこを編集したのかわからない
社内のファイル共有サーバーに保存したシートを編集しているが、いつ、誰が、どこを編集したのかがわからない。そこで、シートを編集したら社内連絡用のグループウェアに編集した箇所を書く運用ルールにしているが、手間が多い。

■経緯がわからない
案件の顧客とのやりとりはシートに載らないため、メールや報告書などに情報が散らばってしまう。その結果、上司が案件の状況を把握しづらくなっている。また、案件の営業担当者が変わる場合に、後任者が経緯を追えない。

【プロダクトを利用する上での役割】
営業案件の管理を効率化するシステムを調査、導入する。導入後の運用管理も担当する。

【事前知識／関連知識】
業務は PC を使ったデスクワークが主で、文書やプレゼン資料の作成にオフィスソフトウェアを主に使用している。業務に必要な調査のために、Web ブラウジングも頻繁にする。プライベートでは PC はあまり利用せず、スマートフォンの利用がほとんど。Facebook、Twitter などの SNS サービスを積極的に活用している。プログラミングの知識はなく、業務システムの管理経験もない。

ペルソナは1人である必要はなく、複数人設定できます。また、プロダクト開発時の想定と実際のユーザー層が異なることはよくあるので、プロダクトのリリース後に、ユーザーからの問い合わせの傾向やアクセス解析データなどに従って修正していくことも必要です。

ヘルプのペルソナに盛り込むとよいポイントを解説します。

課題と目的

ユーザー（またはユーザーの所属組織）が抱えている課題と、プロダクトの利用目的を想定します。

「ドリルを買った人が欲しかったのはドリルではなく穴である」というマーケティングの言葉がありますが、ヘルプ制作にも同じことが言えます。ユーザーがどんな穴を開けたいのか、それは何をするための穴なのかを知ることで、ユーザーの目的と紐付けてドリルの機能を説明できるようになります。

立場と役割

組織やグループで使うプロダクトやサービスでは、組織におけるユーザーの立場と役割を想定します。プロダクトの利用目的を達成するために、それぞれのユーザーがどのような役割を担うのかを把握します。

企業向けの業務システムであれば、立場は大きく分けて導入担当者、システム管理者、一般利用ユーザーの3種類があることが多いでしょう。立場や役割によってヘルプでユーザーに伝える情報が大きく違う場合、ターゲットユーザーごとに分けてヘルプを作ることを検討します。その場合、自分がどのヘルプを見ればよいかユーザーが判断できる構成にすることが重要です。

事前知識

ユーザーの持つ、次のような事前知識を想定します。

- プロダクトについての事前知識
- プロダクトのジャンルについての関連知識
- Webブラウジングのスキル

事前知識のないユーザーを想定する場合は、専門用語を避ける必要があります。専門用語を使う場合は、用語説明を加えるなどの配慮が必要になります。

一方で、ある程度の事前知識があるユーザーを想定する場合は、敢えて専門用語を使ったほうがわかりやすい説明になる場合があります。人は既知の情報と結びつけて物事を理解しようとするため、ユーザーの事前知識と絡めて説明すれば、理解をスムーズにできます。たとえば、プログラマーに対してAPIの仕様を説明するとしたら、「REST API」などの技術用語を出して説明すれば、だいたいの仕組みは理解できるでしょう。過去に使ったREST APIの知識と絡めて理解できるからです。想定ユーザーの範囲に応じて、「REST APIとは何か」という説明を加えます。

プロダクトの仕様に関する情報を収集する

ユーザーを理解したら、次は「書き手の立場からユーザーに伝えたいこと」の情報を収集します。初めてヘルプを制作する場合、何を書けばよいのかわからない、という状況もあると思います。この節では、最初に収集しておくべき情報を解説します。

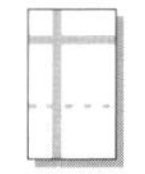

プロダクトの使い始めに必要な準備と基礎知識

ユーザーがプロダクトを使い始める際に必要な準備作業と基礎知識を収集します。次のような情報が該当します。

- プロダクトの概要
- 使い始めに必要な設定
- 基本的な使い方
- 活用例
- 用語

新規ユーザーがプロダクトに慣れるプロセスのことを「オンボーディング」と呼び、ユーザーにプロダクトを使い続けてもらう上で重要なプロセスです。使い始めに脱落するユーザーが多いと、プロダクトの売り上げにも影響します。

多機能なプロダクトでは特に、ユーザーは「使い始めたものの、まず何をすればよいのかわからない」という状況に陥りがちです。そのような状況では、ユーザーは自発的に足りない情報を調べるという行動をとれません。何がわからないのかもわからない、という状況です。この「まったくの初心者」の状態であるユーザーを、「何をすれば自分の目的を達成できそうかがわかる」状態まで引き上げる必要があります。そうすれば、ユーザーは自分に不足した情報を自発的に探して調べていけるようになります。

各機能の利用目的と操作方法

プロダクトの各機能や設定項目について、ユーザーがそれらの機能／設定項目を使う目的と、操作方法を確認します。使用目的については、プロダクトの仕様書や要件でユーザーストーリーが定義されていれば、それを使えるでしょう。

また、ユーザーが機能や設定を操作するときに疑問に思いそうなポイントを書き出しておきましょう。操作中に注意しなければならないことがあれば、合わせて確認しておきます。

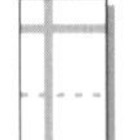

期待に応えられないところ

ヘルプには基本的に「プロダクトでできること」を書きますが、「できないこと」もまた、必要な情報です。ユーザーは、自分がやり方を知らないだけなのか、そもそもできないことなのかがわからないからです。ヘルプは販促用のサイトやカタログとは違います。制限事項やできないことがあれば、ユーザーに伝えるべきです。

リリース当初のプロダクトには特に、ユーザーの期待に沿えない制限がよくあります。ユーザーがプロダクトを利用する目的を考えて、ユーザーの期待に沿わない制限があれば、把握しておきましょう。また、ユーザーからの過去の問い合わせで、「できますか？」と頻繁に聞かれている機能も確認しておきましょう。

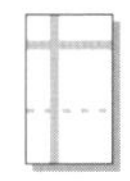

よくあるトラブルとその対処方法

ヘルプには、プロダクトで起こったエラーへの対処方法や、目的の操作の方法を調べるユーザーが多く訪れます。次のような情報を調べておくことで、これらのニーズに対応します。

- 発生頻度が高いエラーとその対処方法
- ユーザーがつまずきやすい操作

これらの情報は、ユーザーからの過去の問い合わせや、ヘルプの検索ログから得られます。

また、トラブルへの対処方法は重要ですが、ユーザーのトラブルを未然に防ぐことはそれ以上に大切です。ユーザーから指摘があったトラブルがあれば、原因になった操作を確認しておきましょう。

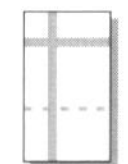

自分でプロダクトを使う

できる限りプロダクトを自ら使ってみることをおすすめします。自らプロダクトを使うことは、ユーザーの視点を持つためにとても有効です。ペルソナとして設定したユーザーになりきるつもりでプロダクトを操作します。

使用中に感じたことを書き出す

プロダクトやその各機能を初めて使ったときに感じたことは、2回め以降は感じられなくなります。忘れないように書き留めておきましょう。形式はどのようなものでも構いません。感じたことをそのまま言葉にして時系列で書き留めると、関係者の共感を得やすくなります。サイボウズでは、ヘルプ制作チームに新しく加入したメンバーは、ヘルプを見ながらプロダクトを触って感じたことをほかの制作者に共有しています。

使用中につまずいたところを書き出す

使用中に感じたことと合わせて、つまずいたところも書き出します。プロダクトの使用中に自分がつまずいたところは、きっとユーザーもつまずきます。

敢えて操作を間違えてみるのもおすすめです。ヘルプの制作者は正しい操作を知っているので、操作を間違えることは実際のユーザーと比べて少ないでしょう。そこで、敢えて意識して間違えた操作をすることで、ユーザーが直面するトラブルを体験します。

とはいえ、自分で操作するだけでは限界があります。可能であれば、新入社員などプロダクトについての知識が少ないユーザーにプロダクトを触ってもらい、どのようなところでつまずくか観察してください。得られた情報は、ヘルプに書く内容を考える上で非常に役立ちます。

ユーザーの使い方を意識して構成を設計する

「情報の見つけやすさ」は、ヘルプの重要な要素です。前章では、「誰に」「何を」伝えるかを決めました。次のステップは、「どうやって」伝えるかの設計です。いくら役立つ情報を載せても、ユーザーがそれを見つけられなくては意味がありません。この章では、ユーザーが情報を見つけやすくするためのヘルプの設計方法を取り上げます。

ユーザーの情報の探し方を理解する

ヘルプの設計で最も大切なことは、情報を探すユーザーがとる行動を知ることです。建物の間取りの設計では、建物の中を人が動く経路（動線）を考えます。たとえば、スーパーマーケットのレイアウトの設計であれば、顧客の購買心理を考え、入り口から外周沿いに野菜や果物、肉や魚、パンやお総菜、という順番に並べ、内側には乾物、調味料、冷凍食品や飲み物などのストック型商品を、レジ付近には最後のプラス1点買い用途にお菓子などの嗜好品を並べる、といった具合です。ヘルプの設計も同様に、設計段階でユーザーの行動パターンを考えることで、探しやすく、利便性の高いヘルプにできます。

第1章で地図から目的地を探すプロセスにたとえたように、情報を探すユーザーの行動パターンは1つではありません。たとえ同じユーザーでも、探している情報のタイプが違えば、とる行動も異なります。具体例を考えましょう。たとえば、家族写真を加工するために購入した画像編集ソフトウェアについての情報を探す状況を想像してください。次の2つのケースを考えてみましょう。

- ソフトウェアを起動したが、まず何から始めてよいのかわからない
- 写真の彩度を変更したいが、やり方がわからない

この2つのケースでは、ユーザーはおそらく違う行動をとるでしょう。前者のケースでは、ヘルプを見たり検索したりしながら、チュートリアルのようなコンテンツを探す行動を想像できます。ユーザーの頭の中に明確なゴー

ルはありません。チュートリアルを読み進めていくうちに、当初の目的とは違った便利な機能（写真に写り込んでしまった人を消す機能など）を見つけ、その機能を詳しく調べていくかもしれません。

一方で、後者のケースではゴールが明確です。おそらくユーザーは、彩度の変更についての説明が書かれていそうなカテゴリーをヘルプから探したり、「彩度」や「鮮やかさ」をキーワードにして検索したりするでしょう。

このように、ユーザーは気の向くままに方向感なく何かを調べることもあれば、理路整然と直線的に探索を進めることもあります。こうした行動を考慮した上で、ヘルプを設計しなければなりません。

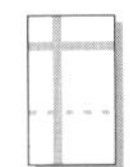

情報探索の４つの行動モデル

情報を探すユーザーの行動を考えるのに便利なモデルを紹介します。ここで紹介する行動モデルでは、ユーザーの状態と情報ニーズによって行動をパターン分けしています。これらの行動モデルについてのより詳しい説明は、『情報アーキテクチャ』（ルイス・ローゼンフェルド、ピーター・モービル、ジョージ・アロンゴ著、篠原稔和監訳、岡真由美訳、オライリー・ジャパン、2016年）や『デザイニング・ウェブナビゲーション』（ジェームス・カルバック著、長谷川敦士、浅野紀予監訳、児島修訳、オライリー・ジャパン、2009年）を参照してください。

既知項目検索

ユーザーは、自分が探しているものが何か知っています。さらに、それを言葉で表現でき、どこで探せばよいか、そしてどこから探し始めればよいかを知っています。このような状態での探し方は、「既知項目検索」（known-item seeking）と呼ばれます。たとえば前述の、「画像編集ソフトウェアで写真の彩度を変更したいが、やり方がわからない」状況はこれに該当します。

情報を探すためのキーワードがはっきりしているので、情報を探す際には検索機能が多く使われるでしょう。ナビゲーションを辿って目的の説明項目を探す場合もあります。いずれの場合でも、ユーザーが頭に思い浮かべたキーワードと、ヘルプで使う言葉を一致させることが設計のカギになります。

また、検索最適化（ユーザーが入力した検索キーワードに対して適切な検索結果が返るようにするための工夫）も有効です。

探求探索

ユーザーは、自分が何をわかっていないのか、何が必要な情報なのかを把握していません。もしくは、自分が何をわかっていないのか把握はしていても、どこから手を付けてよいのかわからないほど多岐にわたっていたり、情報を探すために必要な言葉を思い付かなかったりします。このような状態での探し方は、「探求探索」（exploratory seeking）と呼ばれます。プロダクトについての知識が少ない初心者のユーザーは、この探求探索の状態にあることが多いでしょう。前述の、「画像編集ソフトウェアを起動したが、まず何から始めてよいのかわからない」状況が例に挙げられます。

探求探索では、探している情報が何なのかユーザー自身にもはっきりとわかっていないため、明確なゴールがありません。手探りの中で情報を仕入れながら、得た情報をもとに次の探索へと進んでいきます。情報を得るにつれて、当初の目的とはまったく違う情報を探しにいくことも珍しくありません。

探求探索の状態のユーザーには、受動的に情報を得られる読み物形式のチュートリアルコンテンツが役立つでしょう。ただし、途中で道に迷ったり、脇道に逸れたりしやすいことに注意しなければなりません。「詳しくはこちら」のようなほかのページへの参照リンクはなるべく避けるようにしてください。

再検索

過去に見たことがある情報を再度見る必要が生じて、見つからずに困った経験はないでしょうか？　そのような行動は、「再検索」（refinding）と呼ばれます。サイボウズのヘルプでは、次の種類の情報を説明した記事は、再検索されることが多い傾向が見られます。

- プロダクトの詳細仕様（例：数値計算機能で使える数式の書式）
- よくあるトラブルと解決方法（トラブルシューティング）

再検索に対しては、過去に見たページの一覧を表示したり、再検索されやすい記事をトップページに表示したりする工夫が有効でしょう。

全数探索

あるトピックについての情報を網羅的に探す状況もあります。たとえばプロダクトについて、目的としていた使い方ができるかどうか、思わぬ不具合や制限事項がないかなど、くまなく確認する状況が挙げられます。そのような行動は、「全数探索」(exhaustive research)と呼ばれます。特に企業向けのプロダクトは時間をかけて導入が検討されるため、このような網羅的な情報収集は比較的多く行われるでしょう。全数探索への対応としては、次のようなページや機能を用意するのが有効と思われます。

- 解説ページを機能ごとにまとめた一覧ページ
- ヘルプを構成する各カテゴリーと各ページへのリンクの一覧ページ
- 検索機能
- ページのタグ付け(タギング、もしくはアノテーション)

ここまで情報探索の4つのモデルを紹介しました。もちろん、ユーザーのすべての行動を4つに分類できるわけではありませんが、大部分は網羅できるはずです。繰り返しになりますが、ヘルプの設計で最も大切なことは、情報を探すユーザーがとる行動を考えることです。その際の参考として、情報探索の行動モデルが役立ちます。

ここで示した行動モデルのほかに、ユーザーが自発的に探しにいくことを期待できない情報があることにも注意が必要です。たとえば、ユーザーが存在を知らない便利機能や制限事項がそれにあたります。そのような情報はユーザーが気付きやすいところに配置して、存在を認識してもらう工夫が求められます。

回遊的な動線と直線的な動線がある

さきほど挙げたスーパーマーケットの動線の例を思い出してください。一般的なスーパーマーケットでは、入り口から外周沿いに野菜や果物、肉や魚、パンやお総菜、という順番に商品を並べ、内側には乾物、調味料、冷凍食品や飲み物などのストック型商品を、レジ付近にはお菓子などの嗜好品を並べています（**図3.1**）。

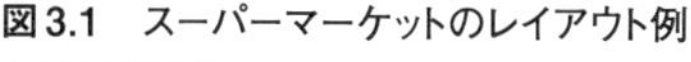

図3.1　スーパーマーケットのレイアウト例

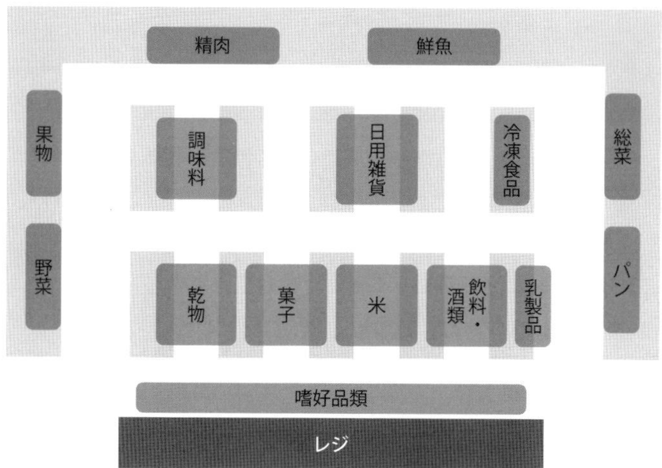

このレイアウトでは、3つの動線が考慮されています。1つめは、外周に並ぶ商品を眺め歩きながら「今晩の夕飯は何にしよう」と考える動線です。この時点では、まだ献立は決まっていないことが多いでしょう。特定の商品を探しているわけではないので、目的地なく売り場を回遊します。

売り場を歩くうちに、挽き肉のセールを見つけて、「そうだ、今晩はハンバーグにしよう」と決断するかもしれません。すると、必要な商品が明確になってきます。「玉ねぎと卵と……あ、塩コショウを切らしていたな」といった具合です。必要な商品が決まっているので、売り場を直線的に移動するようになります。大抵のスーパーマーケットでは、内側の商品棚には「調味料」「乾物」など遠くからでも見やすい看板を立てて、目的の商品を探しやすくしています。これが2つめの動線です。

買う商品が揃ったら、会計のためレジに向かいます。買うものが決まって一安心したところで、ついついレジ付近に置かれたお菓子を買い物かごに放り込んでしまいます。これが3つめの動線です。

これらの動線は店舗設計における例ですが、ヘルプの設計でも同じように考えることができます。初心者が「探求探索」している状態は、まさに夕食の献立を考えながらスーパーマーケットの外周を歩いている状況です。ヘルプにも初心者が情報を拾い読みしながら回遊できる場所があるとよさそうです。

プロダクトの使い方をある程度理解したユーザーが、不足した情報を「既知項目検索」する行動は、切らしてしまった塩コショウを探しにいく状況にあたるでしょう。スーパーマーケットの内側の商品棚のように、情報をわかりやすく分類して看板（カテゴリー名）を立てていく必要がありそうです。

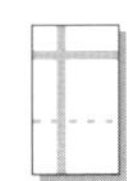

ユーザーはページを流し読みする

ヘルプを設計する際に前提として考えてしまいがちなのが、ユーザーはページ全体を見渡した上で各リンクを比較検討し、どのリンクをクリックするか決める、ということです。ですが実際には、そのようにじっくりとページを見るユーザーは稀です。テキストを流し読みする程度で、探している情報に近いと思われるリンクを見つけるとその時点で探索を打ち切り、クリックしてページから立ち去ります。もちろん、これには例外もあります。ページをどの程度じっくり読むかは、ユーザーの探し方にも依ります。網羅的に情報を探す（全数探索している）ユーザーは、より入念にテキストを読むでしょう。しかしながら多くの場合は、全体をざっと眺める程度です。

ナビゲーションの位置、色、サイズ、テキストなど、さまざまな要素がユーザーの行動に影響します。中でも、ユーザーの行動に強い影響を与えるのがテキスト（カテゴリー名や記事タイトル）です。ユーザーは、目的の情報に関連する言葉を頭に思い浮かべながら、ヘルプのナビゲーションを辿ります。たとえば、先述の「画像編集ソフトウェアで写真の彩度を変更したいが、やり方がわからない」ときに、「彩度」や「鮮やかさ」などをキーワードにして情報を探すような状況です。このような、ユーザーの目的にマッチするキーワードを「トリガーワード」と呼びます。

ヘルプの設計では、このトリガーワードを強く意識してください。ページタイトル、カテゴリー名、リンクの名前などには、トリガーワードを含めるようにします。Slackのヘルプ（**図3.2**）のように、トリガーワードを太字で強調するのもよいでしょう。

図3.2　トリガーワードを強調したSlackのヘルプ

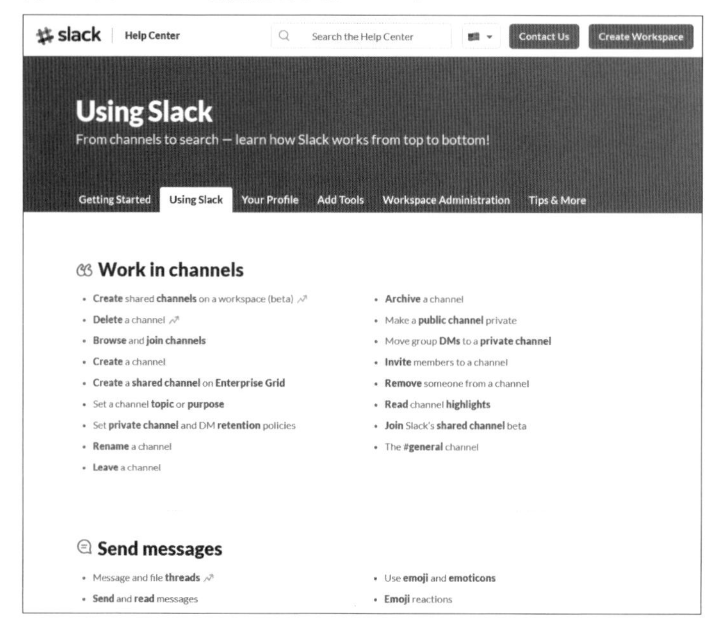

ユーザー像を意識してヘルプの構成を設計する——サイトマップの作成

それでは、ここまで学んだユーザーの行動を意識しながら、ヘルプの構成を設計していきましょう。ここで作るのが「サイトマップ」です。サイトマップを作ることで、ヘルプの構成とユーザーの動線を可視化できます。**図3.3**は、サイボウズのプロダクト「kintone」[注1]のヘルプを制作する際に用意したサイトマップの一部です。

注1　Webデータベース型の業務用アプリケーションを構築するWebサービスです。

図3.3　kintoneのサイトマップ（一部）

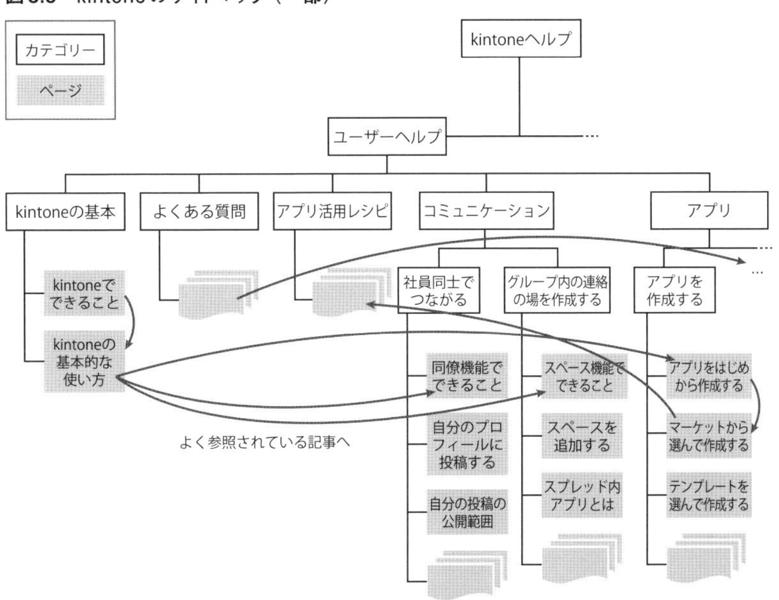

サイトマップには、ヘルプ全体の各カテゴリーとページを階層構造で示します。ページについては、数が多い場合は主要なページだけ示します。その上で、ユーザーの主要な動線を矢印で加えます。サイトマップはExcelなどで簡単に作成できます。Cacooなどの作成ツールを利用してもよいでしょう。

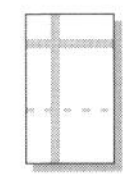 構成設計の2つのアプローチ

ヘルプの構成設計には、トップダウンのアプローチとボトムアップのアプローチがあります（**図3.4**）。

トップダウンのアプローチでは、先に親カテゴリーを決めてから、その子カテゴリーや、各カテゴリーに入れる記事を決めていきます。階層の上から下に降りていくイメージです。トップダウンのアプローチでは計画的に設計できるので、同レベルのカテゴリーの粒度を揃えたり、カテゴリーの並びにストーリー性を持たせたりと、きっちりとまとまった構成を設計しやすいメリットがあります。一方で、設計者の主観や固定観念が入り込みやすく、ユーザーの思考に沿ったデザインにならない危険があります。

図3.4　トップダウンとボトムアップのアプローチ

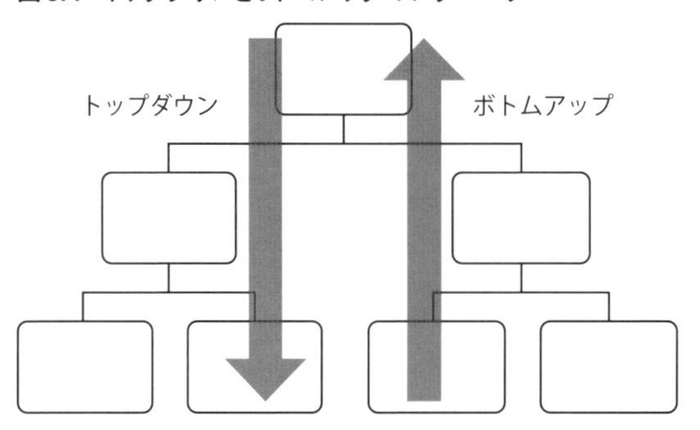

ボトムアップのアプローチでは、まず制作する記事を洗い出して一覧にまとめてから、それを分類してカテゴリーを決めていきます。トップダウンとは逆に、階層を下から上に登っていくイメージです。このアプローチでは、カテゴリーが流動的に決まります。そのため、カテゴリーの粒度は不揃いになりがちですが、まとめ方によっていろいろなカテゴリー構造ができあがります。それにより、ヘルプの構成を考える上でのさまざまな気付きを得られます。

トップダウンのアプローチとボトムアップのアプローチは、どちらが良いというものではありません。可能であれば両方のアプローチから攻めるのが理想です。ボトムアップを繰り返してヒントを得ながら、最終的にはトップダウンで整理します。

以降では、トップダウンでの設計について、カテゴリー構成と動線を考える際のポイントを解説します。ボトムアップのアプローチでは、ユーザーに記事を分類してもらうことでユーザーの思考を学ぶカードソーティングというユーザー参加型テストが効果的です。カードソーティングについては第9章で紹介します。

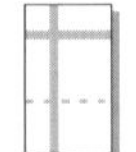

カテゴリー構成と動線を決める

トップダウンでの設計でまず考えるのは、カテゴリー構成とユーザーの動線です。

初心者向けカテゴリーの動線

先述したスーパーマーケットのレイアウトの例のように、商品をただ分類して商品棚に並べただけでは使いやすい店にはなりません。ユーザーは買いたい商品が決まっているとは限らないからです。スーパーマーケットが外周に生鮮食品やお総菜などを並べているように、必要な情報が明確になっていない「探求探索」行動をとる初心者が情報を拾い歩けるカテゴリーを用意しましょう。これにはチュートリアルなどが該当します。

初心者向けのカテゴリーでは、プロダクトの基本的な使い方や用語を学習します。また、利用前に初期設定をしなければならないプロダクトでは、一通りの初期設定を完了します。プロダクトの利用イメージが湧いて、「こういうことはできないかな？」と自分に不足した情報が明確になることが、初心者向けカテゴリーのゴールです。これにより、ユーザーの行動は「既知項目検索」へと移行します。スーパーマーケットのたとえでは、ハンバーグの調理に必要な塩コショウを探しにいく状態です。

先述のように、探求探索では、迷ったり脇道に逸れたりしやすい傾向があります。途中で脇道に逸れないよう、ほかの記事への誘導はできるだけ控えて、迷わず読み進められるようにしてください。

カテゴリー構成のパターン

プロダクトのことをある程度理解したユーザー向けには、直線的な動線を考えてカテゴリーを設計する必要があります。スーパーマーケットの例では、内側の商品棚の設計に対応します。

ここでは、当然ながら、探している情報がどのカテゴリーにあるのか判断できる分類が必要です。カテゴリーの分け方の代表的なパターンを**表3.1**に挙げます。

表3.1　カテゴリーの分け方のパターン

パターン	説明
機能で分ける	機能でカテゴリーを分け、機能リファレンスとしてまとめます。
目的で分ける	ユーザーの利用目的でカテゴリーを分けます。初心者向けに適しています。
状況で分ける	「使い始め」「困ったとき（トラブル発生時）」「より活用する方法を知りたいとき」など、ユーザーの状況を軸にカテゴリーを分けます。ほかのパターンでの構成と組み合わせるのがおすすめです。
ターゲットで分ける	導入担当者、システム管理者、エンドユーザー（一般の利用者）など、ターゲットでカテゴリーを分けます。会社やグループなどで利用するプロダクトで、異なる役割を持った利用者がいる場合に有効です。これも、ほかのパターンでの構成と組み合わせるのがおすすめです。

内容をイメージできるカテゴリー名にする

カテゴリー名を決めるときは、カテゴリーの中にどのような情報があるのか想像できる名前にすることに注意しましょう。たとえば「その他」のようなカテゴリー名は、中にどのような情報があるのかわからないので、避ける必要があります。カテゴリーをいちいち開かなければ中に何があるのかわからない場合、ユーザーは各カテゴリーを開けて中身を確かめながら目的の情報を探さなければならなくなります。これでは探しやすいヘルプにはなりません。

意味の重なりを避ける

カテゴリー名に意味の重なりがあると、ユーザーはどちらのカテゴリーに目的の情報があるのか判断できなくなります。たとえば、サイボウズで実施したユーザーテストでは、次のようなことがありました。**図3.5**のカテゴリーの並びを見たユーザーは、カレンダーの表示の設定が「スケジューラーの設定」と「個人設定」のどちらのカテゴリーの中にあるのか判断に迷ったのです。このケースでは、「スケジューラーの設定」と「個人設定」のカテゴリーを並列にせず、「スケジューラーの設定」の中に「個人設定」カテゴリーを入れるとよいでしょう。

図3.5　意味の重なりがあるカテゴリー

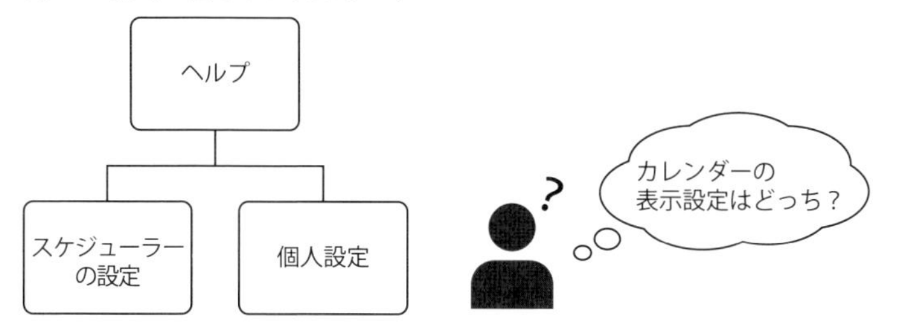

一般的な用語を使う

カテゴリー名に含める用語は、できるだけ一般的なものにします。次のような、ユーザーにとってわかりづらい言葉をつい使いがちなので、意識して避けてください。

- 社内用語
- 専門用語（専門用語がわかるユーザーをターゲットにする場合は使用可）
- 略語

一般の人に馴染みのない用語を使うときは、ターゲットユーザーがその用語を理解できそうか確認してください。Googleなどの検索エンジンでキーワード検索して、どの程度使われている用語か確認するのもおすすめです。

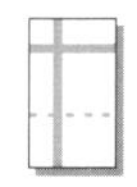

記事のタイトルを決める

カテゴリーの構成が決まったら、各カテゴリーに入れる記事のタイトルを決めます。ヘルプの設計時点ですべての記事のタイトルを決める必要はありませんが、主要なページだけでもタイトルを決めておけば、ヘルプ全体が整理された構造になっているかチェックできます。

ユーザーが使うキーワードに合わせる

記事のタイトルで重要なことは、ユーザーが情報を探す際に頭の中に思い浮かべる言葉に合わせることです。先述のトリガーワード（ユーザーの目的にマッチするキーワード）を含めるのがコツです。

トリガーワードをさぐる方法を3つ紹介しましょう。

1つめの方法は、類義語辞典と検索サイトを使います。トリガーワードの候補をいくつか選んだら、類義語辞典で意味の似た語を調べて、候補をできるだけ増やします。そして、候補にした語をGoogleなどの検索サイトで検索し、それぞれの語の使用頻度や、どのような人がその語を使っているかを調べます。基本的には使用頻度が高い語を採用しますが、人によって使う語が違う場合、ペルソナに合わせた語を選びます。

2つめは、検索ログを見る方法です。この方法は、すでに運用中のヘルプでしか使えませんが、検索ログはユーザーのニーズを知る上でとても役立つ定量的な情報を与えてくれます。検索ログを見れば、ユーザーがどのようなキーワードで情報を探しているのか確認できます。検索ログは検索ツールの管理画面で確認できることが多いですが、Google Analyticsを使って確認することもできます。Google Analyticsを使った検索ログの確認方法は、第8章で取り上げます。

3つめの方法は、先述のカードソーティングです。カードソーティングは、考えたことを声に出してもらいながら、記事のタイトルを書いたカードをユーザーに分類してもらうユーザーテストです。これは被験者が必要になるので多少のコストがかかりますが、ユーザーの思考を知るためのとても便利なテクニックです。カードソーティングについては第9章で取り上げます。

内容をイメージできるタイトルにする

タイトルは、記事の中で最も重要なものです。検索して情報を探す場合でも、リンクを辿って情報を探す場合でも、いずれにせよ、求めている情報が載っていそうな記事を見分ける際にユーザーが主に見るのは記事のタイトルです。

記事のタイトルは、記事に何が書かれているのかをイメージできるものにします。よくあるミスが、タイトルと内容の乖離（かいり）です。中でも、実際の内容より意味の広いタイトルにしてしまうことがよくあるので注意してください。適切なタイトルになっていないと、記事を開いたらタイトルから期待していた内容と違った、という望ましくない状況を招いてしまいます。これを回避するために、できるだけ内容を具体的に表現したタイトルにします。

記事のタイトルは、一般的な検索エンジンのランキングアルゴリズムにも大きな影響力を持ちます。検索しやすさはヘルプの重要な要素なので、第7章で取り上げます。

記事を読む必要があるかわかるタイトルにする

ヘルプを最初から最後まで順に読んでいくユーザーはほぼいません。大半の場合、ユーザーは自分にとって必要な情報だけをピックアップして読みます。したがって、記事を読む必要があるかどうかユーザーが判断しやすいタイトルにするよう注意してください。タイトルを改善した例を次に挙げます。

改善前

画像の保存形式について

改善後

Webサイトでの利用に適した画像の保存形式

語尾を統一する

記事のタイトルの語尾を統一すると、ヘルプ全体に統一感を持たせることができます。体言止めか動詞形のどちらかが一般的です。

体言止めにしたタイトルの例

～の設定

動詞形にしたタイトルの例

～を設定する、～を設定しよう

体言止めは、端的で引き締まった印象を与えます。タイトルを短くできるメリットもあり、モバイルなど画面が小さい端末での表示に向いています。動詞形にすると躍動感が出て、また柔らかい印象となり親近感を与えます。

ユーザーの動線から
ナビゲーションを
設計する

ヘルプの構成とユーザーの動線が決まったら、それらを実現するナビゲーションの設計に入りましょう。この章では、ヘルプのように情報量が多いサイトのナビゲーション設計について解説します。

ヘルプを迷いなく読み進めるには、頭の中に全体の地図を描き、その中で自分が今どこにいるのかを知り、次にどこに向かうかを決めるための情報が必要です。ナビゲーションは、これらの情報を示し、移動手段を提供するものです。

ナビゲーションがないサイトはないでしょう。パララックスサイト[注1]のような1ページだけのサイトでも、下にスクロールすることをユーザーが理解するためのナビゲーションが必要です。

プロダクトの規模により、ヘルプは大規模なものになります。数百、あるいは数千ページに及ぶこともあるでしょう。そして、ページが増えるほどナビゲーションは複雑になります。サイトのリンクを辿るうちに、自分が今どこにいるのかわからなくなった経験はないでしょうか？　ユーザーをそのような状態に陥らせないためにも、ナビゲーションを適切に設計しなければなりません。

ナビゲーションの種類と役割

サイトのナビゲーションは、リンク、検索やパンくずリストなど、さまざまなパーツの組み合わせで実現されます。唯一これさえあればよいという完全なパーツはありません。それぞれのパーツには役割があり、互いに補完し合います。ナビゲーションのパーツには数多くの種類があり、次々と新しいものが生まれています。ですが、闇雲に取り入れて組み合わせるだけではユーザーの混乱を招き、うまく機能しないでしょう。パーツの役割を理解しながら、適切に組み合わせて使うことが重要です。

注1　スクロールなどの操作に応じて、複数階層に重ね合わせたコンテンツを異なる速度で動かしながら見せることで、立体感を演出してストーリーを印象的に伝えるサイトです。

ここでは、ナビゲーションのパーツを3種類に分けて、それぞれの役割を説明します（**表4.1**）。サイトのナビゲーションを設計する際には、役割を意識してパーツを選んでください。また、普段いろいろなサイトを見るときにも、そのサイトで利用しているナビゲーションパーツの役割を意識して確認することをおすすめします。

表4.1　ナビゲーションの種類と役割

種類	役割
構造型	サイトの構成と、その中で自分が今どこにいるのかを示します。
関連型	今見ている情報に関連する情報を示します。
機能型	情報の探しやすさや操作性などの点で、Webサイトをより使いやすくします。

構造型のナビゲーション

構造型のナビゲーションは、サイトの構成と、その中で自分がどこにいるのかを示します。サイトの規模が大きくなると、構造型のナビゲーションは「グローバルナビゲーション」と「ローカルナビゲーション」に分かれることもあります（**図4.1**）。

図4.1　グローバルナビゲーションとローカルナビゲーション

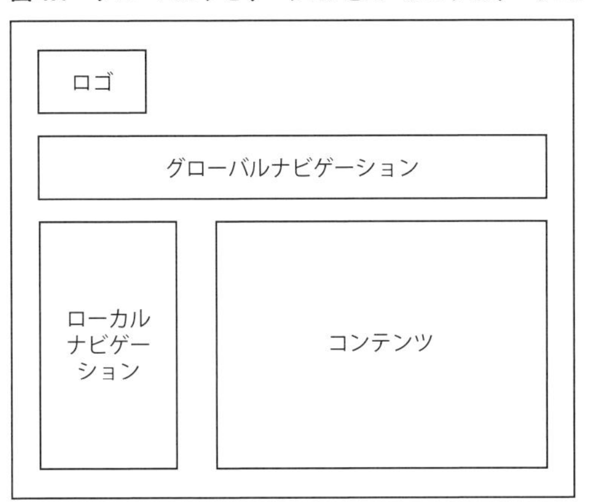

グローバルナビゲーション

グローバルナビゲーションは、サイトの主要な構成と、その中での現在地を示します。一般的な形状はナビゲーションバーで、サイトのすべてのページで同じ位置に表示されます。例として、サイボウズ Office[注2]のヘルプのグローバルナビゲーションを**図4.2**に示します。

図4.2　サイボウズ Officeのヘルプのグローバルナビゲーション

通常、グローバルナビゲーションに組み込むのは、第1階層のカテゴリーへのリンクです。現在地のカテゴリーをハイライトしてユーザーに示します。

規模の大きいサイトでは、第2階層のカテゴリーや、さらにその下のカテゴリーまで表示するグローバルナビゲーションも近年増えています。これは「メガメニュー」や「メガドロップダウンメニュー」などと呼ばれます。**図4.3**は、Garoon[注3]のヘルプで使われているメガメニューです。

注2　サイボウズの中小企業向けグループウェアです。

注3　サイボウズの大企業向けグループウェアです。

図4.3　Garoonのヘルプのメガメニュー

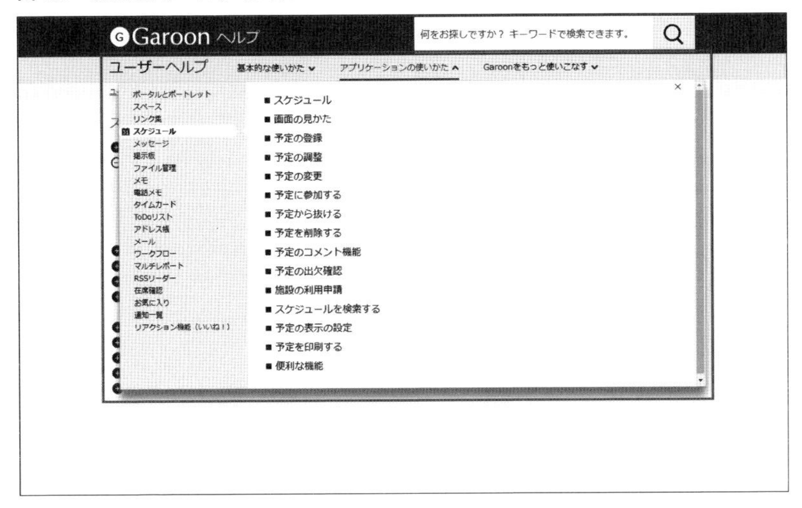

グローバルナビゲーションで重要なことは、404 Not Foundページなどの特殊なページを除いたすべてのページで、一貫して同じ位置にナビゲーションを表示することです。また、現在地のハイライト以外は同じ表示にします。ページを移動したときにグローバルナビゲーションの表示が突然ガラリと変わると、ユーザーは自分がサイト内のどこにいるのかわからなくなる、または別のサイトに来たと感じることでしょう。

ローカルナビゲーション

ローカルナビゲーションは、現在地の周辺に何があるのかを示します。主に、サイトの各カテゴリー内のページで使われ、そのカテゴリーにあるページの一覧と現在地を表示します。グローバルナビゲーションを全国地図にたとえると、ローカルナビゲーションは市街地地図にあたります。グローバルナビゲーションを補足するという役割から、「サブナビゲーション」とも呼ばれます。例として、Garoonのヘルプのローカルナビゲーションを**図4.4**に挙げます。

図4.4　Garoonのヘルプのローカルナビゲーション

ローカルナビゲーションによって、ユーザーはカテゴリー内のページ構成と現在地を把握できるようになります。また、ナビゲーションを辿って目的のページに移動できます。

グローバルナビゲーションと同様に、ローカルナビゲーションもカテゴリー内のすべてのページで一貫して同じ位置に表示し、表示の変化を少なくすることが重要です。ページを移動したときにローカルナビゲーションの表示がガラリを変わると、ユーザーはどこに着いたのかわからなくなります。

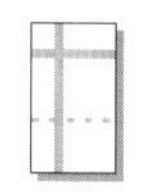

関連型のナビゲーション

関連型のナビゲーションは、現在見ている情報に関連するページを示し、それらの情報についてより詳しく知る手段を提供します。記事内の参照リンクや、関連ページの一覧などが該当します。kintoneのヘルプにおける例を**図4.5**に示します。

図4.5　kintoneのヘルプの関連型ナビゲーション

グローバルナビゲーションとローカルナビゲーションがページの階層構造における縦（上下）の移動手段を提供するのに対して、関連型のナビゲーションは横の移動手段を主に提供します（**図4.6**）。関連型のナビゲーションを導入することで、サイト内の柔軟な移動を実現できます。

図4.6　サイト内における縦と横の移動

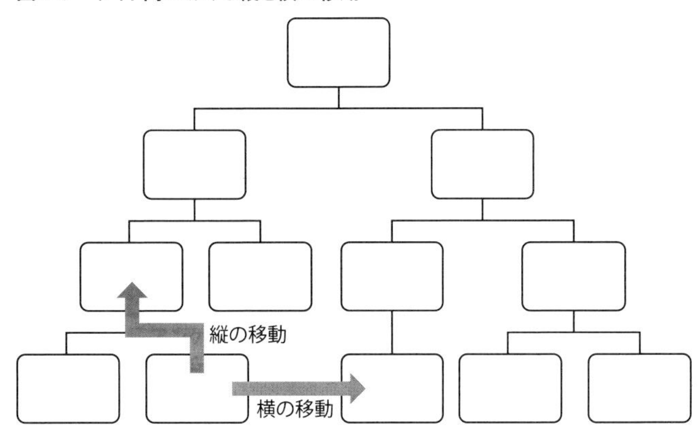

ただし、柔軟性はユーザーが混乱するリスクと隣り合わせです。柔軟性を高めすぎると、ユーザーは現在地や目的地を見失ってしまい、迷子になります。関連ページへのリンクは、本当に必要なものだけに絞り込んでください。また、構造型のナビゲーションによりサイトの構造を示しながら、関連型のナビゲーションによる柔軟性を提供していかなければなりません。

関連型のナビゲーションでもう1つ重要なのは、リンク先にどのような情報があるのか、またどのような場合にリンク先の情報が必要になるのかを判断できるようにすることです。ユーザーは、リンク名や周りの文脈からリンク先に進むかどうかを判断します。

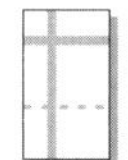

機能型のナビゲーション

機能型のナビゲーションは、サイトをより使いやすくする目的で使います。サイト構造の理解をサポートするものや、目的の情報に辿り着くためのショートカットを提供するものであり、主に大規模なサイトで必要になります。代表的な機能型のナビゲーションを3つ挙げます。

検索

ヘルプのページが100件を超える規模になってくると、検索機能は必要になるでしょう。検索機能は、付ければそれだけで機能するものではありません。検索機能が有効に働くためには、検索エンジンの性能も重要ですが、それ以上に検索に最適化した記事の書き方が重要です。たとえば、タイトルだけで各記事の内容がわかるようにする必要があります。一般的な検索エンジンの検索結果では、各ページは平面に並び、カテゴリーの構成が見えなくなるからです。**図4.7**のように記事のタイトルに重複があると、どちらの記事に目的の情報があるのか区別できなくなります。検索最適化は重要なので、ぜひ取り入れてください。検索最適化については第7章で詳述します。

図4.7　記事のタイトルが重複した検索結果

サイトマップ

サイトマップは、文字どおりサイトの地図となる役割を果たすものです。第3章で作成した、ヘルプの構成とユーザーの動線を可視化するために作るサイトマップと名前が被りますが、別のものです。**図4.8**は、サイボウズOfficeのヘルプのサイトマップです。この図のように、上位2～3階層までのカテゴリーやページを1ページにまとめます。

図4.8　サイボウズ Officeのヘルプのサイトマップ

サイトマップによって、ユーザーはサイト全体の構成を俯瞰できます。また、目的のページに素早く辿り着くためのショートカットとしても役立ちます。

サイトマップは階層の深い大規模なサイトで有効です。ページが増えて、グローバルナビゲーションやローカルナビゲーションではサイトの構造を把握しづらくなってきたら、サイトマップの出番です。

パンくずリスト

パンくずリストは、サイトの構成の理解をサポートするものです。kintoneのヘルプのパンくずリストを**図4.9**に挙げます。この図のように、トップページから現在地のページまでを順に辿ったリンクの一覧を表示します。

図4.9　kintoneのヘルプのパンくずリスト

パンくずリストによって、ユーザーは今自分がいる現在地を把握できます。また、上位のページへの移動も可能になります。

パンくずリストは大規模なサイトでよく使われているため、多くのユーザーが使い慣れています。サイボウズで実施したユーザーテストでも、パンくずリストを使って上位のページに移動する行動は多く見られています。

トップページからのナビゲーション

通常、ヘルプの中で最も アクセスが集まるのはトップページです。そのため、トップページは多くの場合、ユーザーの情報探索の起点になります。トップページからのナビゲーションは、探しやすいヘルプを作る上で重要です。

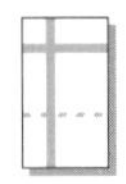

トップページに配置する情報を選ぶ

トップページをレイアウトする際には、ユーザーの目に入りやすい位置に「探求探索」や「再検索」を行うユーザー向けの情報を配置します。たとえば次のような情報が該当します。

- 初心者向けの情報（チュートリアルなど）
- 便利な機能など、積極的にユーザーに知らせたい情報
- よく見られている記事など、多くのユーザーがアクセスする情報
- 何度も繰り返し見られることが多い情報

一定期間の試用後に有料課金へと移るプロダクトでは特に、初心者向けの情報は重要です。プロダクトの使い方を理解できなければ購入に至らないからです。初心者向けの情報は、「探求探索」の行動を意識して配置してください。どの記事をどの順番で読めばよいのか、わかりやすく示す必要があります。

また、ヘルプへのアクセスは、一部の記事に集中することが多いと思います。よく閲覧される記事はトップページに出して、アクセスしやすくしましょう。各記事の閲覧数は、Google Analyticsなどの分析ツールで確認できます。トップページの一例として、kintoneのヘルプを**図4.10**に挙げます。

図4.10 kintoneのヘルプのトップページ

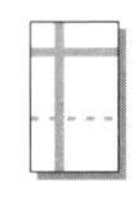

トップページに情報を載せすぎない

ユーザーが一度に見る情報量が多いと、圧倒されて目的の情報を探すことを諦めてしまいます。多すぎる情報でユーザーを怖がらせるのは避けましょう。トップページに載せる情報は、できるだけ少なく絞り込みます。

図4.10のkintoneのヘルプでは、すべての記事の一覧は別ページにまとめ、トップページにはユーザーに積極的に見せる記事と、すべての記事の一覧へのリンクだけを出しています。

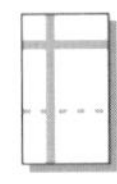

トップページからの移動だけを考えない

トップページ起点のナビゲーションは重要ですが、トップページからの移動経路だけを考えてはいけません。ナビゲーションの設計では、トップページから記事への移動だけでなく、トップページを通らずに直接記事にアクセスするケースも考慮する必要があります。この背景には、検索エンジンやソーシャルネットワークの発達により、トップページを通らず直接記事に到達するアクセスが増えていることがあります。この傾向はサイト全般に言えることであり、ヘルプサイトも例外ではありません。一例として、kintoneのヘルプでは、トップページを通らないダイレクトな記事へのアクセスが本書執筆時点で8割を占めます。

トップページを通らないアクセスを考慮して、各記事の表示から次のことがわかるようにしましょう。

- このサイト、およびページからどのような情報を得られるか
- サイトの中で自分は今どこにいるか
- 周辺には何があり、どうすればそこに移動できるか

kintoneのヘルプの場合、これらの情報を**図4.11**のように示しています。

図4.11　kintoneのヘルプのナビゲーション

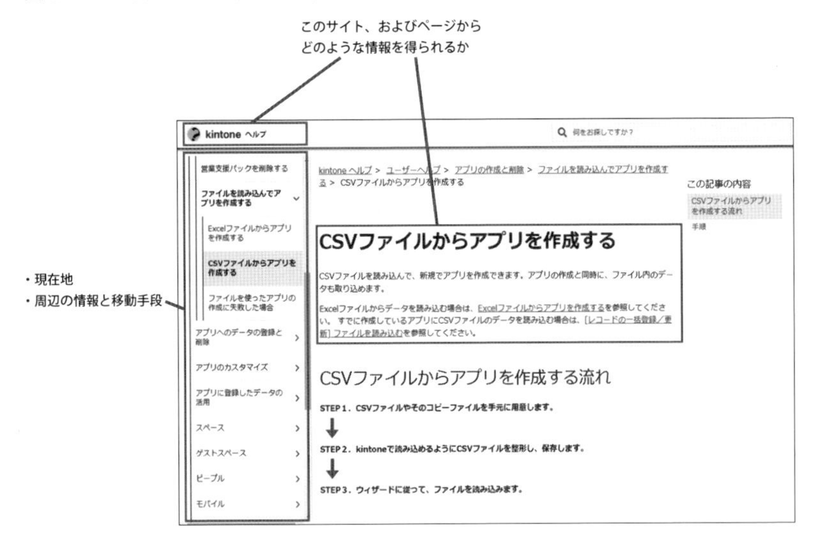

モバイルのナビゲーション

2015年にGoogleの検索アルゴリズムに変更が加わり、サイトがモバイル（スマートフォンやタブレット）向けに最適化されているかどうかが、モバイルで検索した場合のランキング要因に使われるようになりました。そのため、ヘルプをモバイル向けの表示に対応させることは、サイトの使いやすさだけに留まらず、検索性にも影響を及ぼします。モバイルからのアクセスが想定されるサイトであれば、対応は必須でしょう。この節では、モバイルのナビゲーションを取り上げます。

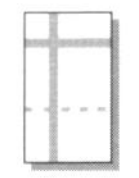

レスポンシブデザインでモバイルに最適化する

モバイルへの対応方法は2つに大別されます。

1つめは、PC版と分けてモバイル専用のページを作る方法です。この方法には、回線速度や画面処理性能が劣る端末向けにコンテンツ（HTMLや画像）を最適化できるメリットがあります。反面、コンテンツの数が倍増するので管理コストがかかります。

2つめは、ユーザーの端末の種類に関係なく同じコンテンツを配信し、画面のサイズに応じて表示を変える方法です。この方法は、レスポンシブデザインと呼ばれます。PC向けと同じコンテンツだけを管理すれば済むので管理がしやすいメリットがあります。反面、PCと同じ情報をモバイルで読み込むため、性能や回線速度の劣るモバイルでは表示に時間がかかります。

モバイルの性能、回線速度ともに飛躍的な改善を遂げてきているので、近年は後者のレスポンシブデザインが主流になっています。ヘルプのモバイル対応でも、レスポンシブデザインの採用をおすすめします。

レスポンシブデザインの実装方法についてはWebに多くの情報があるのでそちらに譲り、ここではモバイル対応のナビゲーションのポイントを取り上げます。

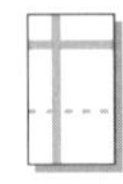

モバイルユーザーの行動を理解する

PCとモバイルでは、ユーザーがヘルプを利用する文脈が異なります。モバイルでヘルプにアクセスしてじっくりと調べ物をするユーザーは少ないでしょう。

表4.2は、サイボウズのヘルプの1つでアクセスログを集計した結果です。この表から、PCとモバイルではヘルプの利用傾向が違うことがわかります。

表4.2　PCユーザーとモバイルユーザーの行動の違い

指標	PC	モバイル
一度の訪問あたりの閲覧ページ数の平均	4.01ページ	1.86ページ
アクセス元	Referral: 45.39% Organic Search: 49.80% Direct：4.75%	Referral: 4.60% Organic Search: 80.61% Direct: 14.76%
サイト内検索の利用率	18.33%	4.29%

モバイルによるアクセスには次の特徴があります。

- ページ間の移動が少ない
- アクセス元は「Referral」が少なく「Direct」や「Organic Search」が多い
- サイト内検索の利用率が低い

「Referral」は、ほかのサイトから移動してヘルプにアクセスしたことを意味します。プロダクトの画面上のリンクを辿ってヘルプにアクセスした場合もReferralに含まれます。

「Organic Search」は、Google、BingやYahoo!などの検索サイトで検索してヘルプにアクセスしたことを表します。

「Direct」は、ほかのサイトからの移動ではなく、ヘルプに直接アクセスしたことを意味します。Webブラウザーのブックマークからヘルプにアクセスしたり、メールソフトウェアでメールに書かれたヘルプのリンクを開いてアクセスしたり、といった状況が考えられます。

サイト内検索を利用するモバイルユーザーの割合が小さいことは、意外に思った方が多いかもしれません。画面面積の制限から、モバイルの画面のナビゲーションはPCと比べて使いづらくなることが多いので、直感的には検索が多くなりそうですが、そうではないようです。

もちろんサイトのデザインによってユーザーの行動は変わりますが、サイボウズのほかのプロダクトのヘルプでも前述の傾向が見られます。これはモバイルユーザーの特徴と言えるでしょう。このような行動の傾向を考慮して、できるだけページの移動なく目的の情報に辿り着けるようにする工夫が必要です。Googleなどの検索サイトで情報を探しやすくするための検索最適化はPCと比べてより重要になります。

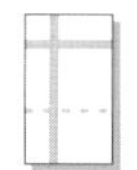

記事の表示を優先する

モバイル向けサイトは、画面面積の制限から、どのようなデザインとナビゲーションが好ましいか常に議論されています。ただ、先述のように、モバイルでヘルプを見るユーザーはページの移動が少ない傾向があります。モバイルでヘルプを見るユースケースが多いと想定されるプロダクトでない限り、ナビゲーションの表示については優先度を下げてよいでしょう。検索サイトやブックマークなどを辿ってヘルプにアクセスしたユーザーが記事を読みやすいよう、記事を見やすく表示することを優先するべきです。

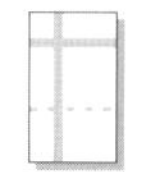

構成をPC向けと合わせる

モバイル専用のプロダクトでない限り、モバイルだけでヘルプを見るユーザーは少ないでしょう。普段はPCで見ながら、外出先などでモバイルでヘルプを見る、というユーザーが大半です。そのような状況で、モバイルで見たヘルプの内容や構造がPC版とまったく違っていると、混乱を招きます。モバイルで使いやすいように表示は変えても、ヘルプの構成や内容は変えないことをおすすめします。PC版と構造が同じだとわかれば、ユーザーはPCでヘルプを見たときの経験をもとにヘルプを利用できます。

プロダクトからのナビゲーション

サイボウズでは、ヘルプの制作チームがプロダクトのUI上の言葉を決める役割を持っています。それにより、ユーザーができるだけヘルプを見ずにプロダクトを使えるようプロダクトのUIを工夫しながら、それだけでは伝えきれない情報をヘルプで補うように連携をとっています。この節では、プロダクトからヘルプへのナビゲーションのポイントを解説します。

ユーザーの迷いどころにヘルプリンクを配置する

プロダクトのUIはシンプルに保たなくてはなりません。一度理解すれば次回から不要になる情報はUIに載せるべきではありません。ユーザーが操作に迷いそうなところにヘルプへの参照リンクやツールチップを置くなどして、ユーザーが情報を取得しやすいよう工夫しながら、UIはシンプルに保ってください。**図4.12**は、kintoneの画面の例です。

図4.12　kintoneのヘルプ参照リンク

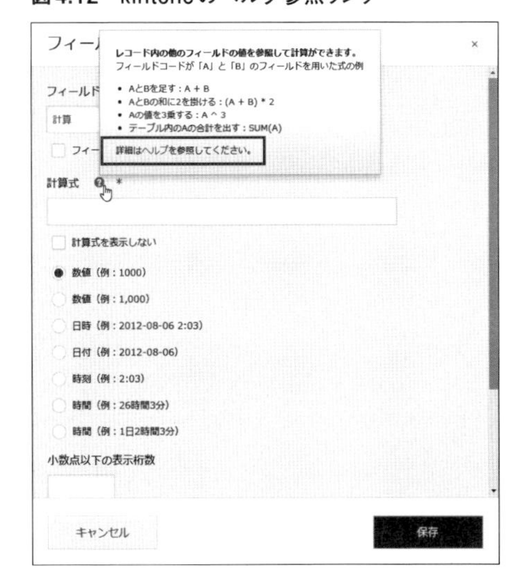

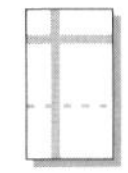

ヘルプだとわかるリンク名にする

プロダクトのUI上にヘルプへのリンクを置くと、リンク名によっては、プロダクトを操作するためのアクションと誤解されてしまうことがあります。たとえば**図4.13**のようなリンクです。

図4.13　誤解されやすいヘルプ参照リンク

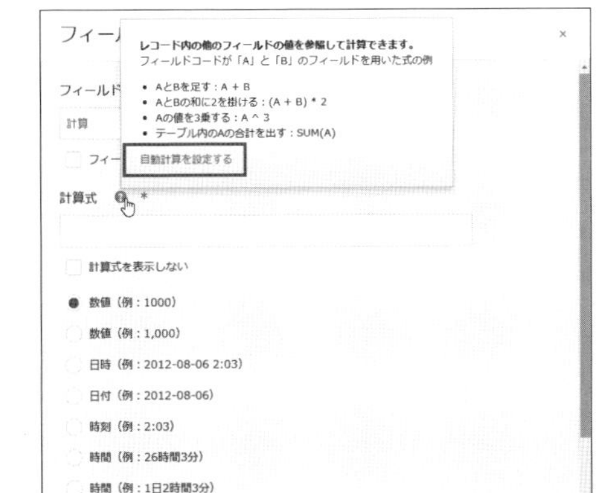

これでは、プロダクトを操作するためのリンクに見えてしまいます。誤解されないよう、ヘルプが開くとわかるリンク名にしてください。「ヘルプ」のみ、もしくは「記事タイトル（ヘルプ）」などのリンク名がよいでしょう。

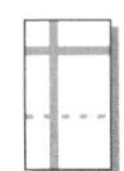

リンクを管理する

プロダクトからヘルプへのリンクについては、どこからどの記事にどのような文脈でリンクしているのか管理しておくことをおすすめします。プロダクトからリンクされていることを忘れてページを消してしまったり、記事の内容を変えてしまったりすることがあるからです。リンク切れなどにつながり、ユーザーのプロダクトの利用に影響が出ます。管理するリンクについては、**表4.3**のような表でまとめるとよいでしょう。ヘルプを更新するときにリンクチェックをかけて、リンク切れがないことを確認してください。

表4.3 プロダクトからヘルプへのリンクの管理

リンク元の画面	リンク先の記事	リンクのURL	参照している情報
自動計算フィールドの設定	自動計算を設定する	https://○○○	自動計算の計算式
レコードの一括更新	CSVファイルでレコードを一括更新する	https://○○○	CSVファイルの書式
APIトークンの設定	APIトークンを生成する	https://○○○	APIトークンの概要と利用例

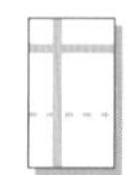

ユーザーが疑問を解決できているか確認する

ユーザーが抱く疑問は状況によりさまざまで、最初から完璧なヘルプを用意するのは現実的には困難です。一度公開してからも、継続的に改善していきましょう。そのときに役立つのが、ユーザーからのフィードバックです。プロダクトからヘルプにアクセスしたユーザーが疑問を解決できているかどうか、定期的にチェックすることをおすすめします。オンラインアンケートとGoogle Analyticsを組み合わせたローコストなチェック方法を第8章で紹介します。

スタイルガイドや用語集を準備する

この章からは、記事の制作について取り上げます。すぐに執筆に取り掛かりたいところですが、少し立ち止まってください。下準備として、スタイルガイドと用語集を用意しましょう。

スタイルガイドと用語集を作っておくと、ヘルプ全体での文章表現や使用する用語を統一できます。複数人で執筆を分担する場合には特に重要です。1人で執筆を担当する場合でも、意外と表現や用語は揺れがちなので、最低限のものは作っておくことをおすすめします。スタイルガイドと用語集の用意には、次のメリットもあります。

- 担当の引き継ぎをしやすくなる
- 執筆の際の迷いが減り、効率化される
- 同じ表現が増えるので、翻訳する際のコストが下がる

スタイルガイドを一から作るのはコストがかかるので、公開されているものを参考にすることをおすすめします。残念ながら本書執筆時点では日本語で公開されているスタイルガイドは少数ですが、英語のものも含めて、参考にできるスタイルガイドを次に示します。

- **『日本語スタイルガイド』（一般財団法人テクニカルコミュニケーター協会編著、テクニカルコミュニケーター協会出版、2016年）**
- **『JTF日本語標準スタイルガイド』（日本翻訳連盟）**
  https://www.jtf.jp/jp/style_guide/styleguide_top.html
- **Apple Style Guide（Apple）**
  http://help.apple.com/applestyleguide/
- **Google Developer Documentation Style Guide（Google）**
  https://developers.google.com/style/
- **ランゲージポータル（Microsoft）**
  https://www.microsoft.com/ja-jp/language

なお、スタイルガイドや用語集は、いついかなる場合も従わなければならないものではありません。このことは、Googleのスタイルガイドにも書かれています。文脈やターゲットユーザーによっては、敢えてルールから外すことが適切な場合もあります。ルールに縛られすぎるのは良くないので、柔軟に使っていきましょう。

スタイルガイドで表現を統一する

スタイルガイドは、文章表現を統一するためのルールです。文体（です／である、名詞形／動詞形など）、漢字とひらがなの使い分けや、数字や単位の表記法などを決めます。ここでは、先に紹介した『日本語スタイルガイド』と『JTF 日本語標準スタイルガイド』をヘルプのスタイルガイドとして使う場合に補足が必要な項目を取り上げます。また、説明の例として使用する人名やドメインのほか、スクリーンショットのガイドラインなど、文章表現以外にルール化しておくべき項目についても解説します。

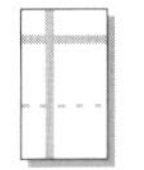

文字表現

文体

通常、ヘルプの文章は「ですます調」で書きます。ですます調は丁寧で優しく、柔らかい印象を読み手に与えます。ただし、「お願い致します」「お手数ですが」などの過剰に丁寧な言葉や敬語、謙譲語は、大量の文章が載るヘルプでは回りくどさにつながるため不要です。伝えるべきことを簡潔に書きましょう。

タイトルと見出しの文体も、名詞形にするか動詞形にするかを決めておきましょう。名詞形（例：「日時の表示の設定」）にすると、簡潔で引き締まった印象になりますが、堅い印象にもなります。動詞形（例：「日時の表示を設定する」「日時の表示を設定しよう」）にすると、ユーザーの動作に沿った表現になり、親しみやすい印象になりますが、文字数が多くなります。

漢字とひらがなの使い分け

用字や用語を漢字で書くことを「閉じる」、ひらがなで書くことを「開く」と言います。キーボードで文字を入力すると、日本語入力ツールがひらがなを漢字に変換してくれるので、つい馴染みのない漢字を使ってしまいがちです。

文化庁が「一般の社会生活において現代の国語を書き表すための漢字使用の目安」として出している「常用漢字表」[注1]を基準とするのが原則です。先に紹介した『日本語スタイルガイド』に、迷いやすい語句についての使い分けが掲載されているので、そちらも活用してください。

漢字とひらがなの使い分けは書いているうちに覚えますが、慣れるまではスタイルガイドや常用漢字表をいちいち見て文章を書くことになり、大変だと思います。その場合、ツールでカバーする手もあります。日本語入力にATOKを使うと、常用漢字に含まれない漢字を使おうとしたときに注意を促してくれます。textlintなどの校正ツールを組み込むのも有効です。第10章で紹介するサイボウズのヘルプ管理システムでは、記事の追加や更新があったときに用語や文章表現を校正ツールで自動チェックしています。

日時の表現

日時は表記に個人差が出やすいものの1つです。「2019年1月10日」のように、年月日を漢字で表記するのが原則です。

今年の日付を書く場合、無意識に年を省いて書いてしまいがちです。ですが、書き手は当然今年のことだ思って書いていても、読み手にそれが伝わるとは限りません。さらには、記載した日付を過ぎたときに過去の話なのか未来の話なのかわからなくなります。そのため、年まで含めて日時を書くようにしてください。公文書や法的文書でない限り、原則として年は4桁の西暦で表記します。

改善前

1月10日、平成31年1月10日、19年1月10日

改善後

2019年1月10日

「2019/1/10」のように、スラッシュやハイフンで年月日を区切る表記も避

注1　http://www.bunka.go.jp/kokugo_nihongo/sisaku/joho/joho/kijun/naikaku/kanji/

けるべきです。これは国によって表記が異なるからです。たとえば、アメリカ、イギリス、日本では、「2019年1月10日」の表記は**表5.1**のように異なります。誤解を防ぐため、漢字で表記しましょう。

表5.1　国による日付表記の違い

国	2019年1月10日の表記
アメリカ	1/10/2019
イギリス	10/1/2019
日本	2019/1/10

曜日の有無は任意でよいと思います。日付の曜日が土日であることを伝えたい場合など曜日を強調する場合は、曜日を含めて表します。

数値の表現

数えることができる数字は算用数字で、熟語や固有名詞などに含まれる数えられない数字は漢数字で表記します。

改善前

1度に大量のファイルを移動すると

改善後

一度に大量のファイルを移動すると

使い分けに迷った場合は、数字を変えても通じるかどうかで判断できます。たとえば、「2次元」は2を3に変えて「3次元」としても通じるので、算用数字で表します。「四半期」は四を三に変えて「三半期」とすると通じないので、漢数字で表します。

算用数字は3桁区切りで表します。1000は、1,000としてください。

なお、数字の桁数が大きい場合は、数えられるものでも漢数字で表したほうがわかりやすい場合があります。たとえば、普段から大きな数字を扱っている人でないと「100,000,000」の桁数を瞬時に判断するのは難しいと思います。「1億」としたほうがわかりやすいでしょう。1,000,000（100万）を超えたら漢数字で表現することを検討してください。

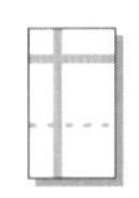

記号

情報を正確に伝えるためには、記号の使い方に注意が必要です。読み手によって違った解釈をしてしまうことがあります。たとえば、同格の語句を複数並べる場合に「・」（中点）や「／」（スラッシュ）を使って書くことは多いでしょう。

改善前

タオル・ハンカチを用意します。

しかしながら、上記の文章は、「タオル and ハンカチ」の意味にも「タオル or ハンカチ」の意味にもとれます。語句によっては「ユーザー・インタフェース」のように1つの単語を表す場合もあります。このような解釈のズレが起こらないよう意味を正確に伝える必要がある場合は、できる限り記号を使わずに明記してください。

改善後

タオルまたはハンカチを用意します。
タオルとハンカチを用意します。

誤解を避けるため、記号は用途を絞って使います。代表的な記号の一般的な意味と用途を**表5.2**に挙げます。

表5.2　各記号の意味と用途

記号	名称	意味
・	中点	並列する語句の区切りに使います。
／	スラッシュ	並列する語句の区切りに使います。「または」の意味にも使われます。
：	コロン	「例：」のように例を示すときや、用語や記号を説明するときに使います。
～	波形	範囲を示します。
…	三点リーダー	省略を示します。
()	丸括弧	直前の内容の説明や補足に使います。
「」	かぎ括弧	名称、用語や選択肢などの固有名詞に使います。
『』	二重かぎ括弧	書籍や雑誌などの作品名に使います。かぎ括弧の中にかぎ括弧を入れるときにも使います。
[]	角括弧	ボタンやリンクの名称に使うことが多いですが、それらは太字で表すこともあります。
“ ”	引用符	引用や、語句の強調に使います。

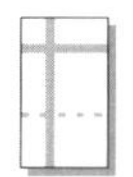

参照リンク

ほかのページへの参照リンクには、リンク先に何が書かれているかがわかるリンク名を付けます。原則として、リンク先のページのタイトルをリンク名にします。

改善前

詳細はこちらを参照してください。

改善後

詳細は画像の出力形式を参照してください。

基本的に上記のようにリンク先のタイトルをリンク名にしますが、プロダクトのプロモーションサイトなどはタイトルがリンク名に適さない場合があります。たとえば、kintoneのプロモーションサイトのタイトルは「kintone - サイボウズのビジネスアプリ作成プラットフォーム」（本書執筆時点）となっていて、これをそのままリンク名にすると、不自然なリンクになります。このような場合は、リンク先を説明するリンク名にします。

改善前

詳細はkintoneを参照してください。

改善後

詳細はkintoneの製品サイトを参照してください。

例として出す人名やドメイン

説明の例として使える人名、Webサイトのドメイン、メールアドレスなどを用意しておくと便利です。自社管理でない実在のものを使用してしまうと所持者に迷惑がかかる危険があるだけでなく、特に海外では訴訟につながることもあります。

Webサイトのドメインやメールアドレスには自社のものを使うこともできますが、「example.com」、「example.net」や「example.org」も使えます。これらはドキュメントでの説明に使えるようにIANA（Internet Assigned Numbers Authority）により用意されたドメインです。

IPアドレスについても同様に自社のものを使うこともできますが、RFCによりドキュメントでの説明用途のIPアドレスが用意されています。IPv4での例示には「192.0.2.0/24」「198.51.100.0/24」または「203.0.113.0/24」を、IPv6での例示には「2001:db8::/32」を使用できます。

人名については、一般的に多い姓と名を組み合わせます。訴訟につながることはほとんどありませんが、万が一訴訟を受けてしまった場合に、「人名をどのように決めたのか説明できること」が重要です。多い姓と名を調べる際に情報元を記録しておくこともおすすめします。訴訟の多いアメリカでは、社員から有志を募って契約し、名前を使わせてもらう企業もあるようです。

複数の人名を用意する場合、性別の偏りがないようにしてください。多くの国で使われるプロダクトでは、国籍についてもバラ付きを持たせたほうがよいでしょう。チームで使うプロダクトの場合は、それぞれの人の立場や役職を決めておくと、説明に一貫性が出ます。

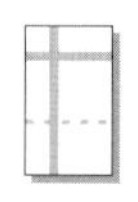

スクリーンショット

プロダクトの写真やスクリーンショットを使った説明が必要になる場合に決めておく項目を解説します。

OSとWebブラウザー

Webサービスのヘルプでは、一貫性を保つためスクリーンショットの撮影に使うOSとWebブラウザーを決めておきましょう。サービスのアクセスログを確認できるのであれば、最も多く使われているOSとWebブラウザーを選ぶのが適切です。サービスのアクセスログを確認できない場合は、Google Analyticsなどの分析ツールを使って、ヘルプへのアクセスに使われているWebブラウザーを確認してください。

画像の形式

画像の形式は、ソフトウェアやWebサービスのスクリーンショットではPNGがおすすめです。色合いのパターンが単純であることが多いため、PNG形式にすれば高画質かつサイズの小さい画像になります。写真のような色合いが複雑な画像では、JPEG形式が適しています。

加工方法

スクリーンショットの加工に必要な、次の情報を決めておきます。

- 文字のフォント、サイズと色

- 引き出し線の種類、太さと色

加工例も添えておくとよいでしょう。スクリーンショットの加工については第6章で解説します。

ファイル名のルール

撮影したスクリーンショットは、次の情報がわかるファイル名で保存しておくと管理しやすくなります。

- スクリーンショットを挿入するページ
- スクリーンショットを取得した画面

たとえば、次のような名前を付けます。

スクリーンショットに付けるファイル名の例

（HTMLページのファイル名）_（画面名）_（通し番号）.png

ファイル名に用いる文字は半角英数字が望ましいので、ファイル名に入れる画面名は、英語にするか、画面を区別する識別子を用意するとよいでしょう。

このようなファイル名を付けておくことで、それぞれのスクリーンショットが使われているページをファイル名から判別できるようになります。さらに、プロダクトのアップデートで画面が変わったときに、差し替えが必要なスクリーンショットを絞り込めるようになります。

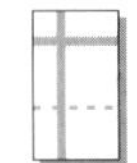

注意事項などのスタイル

本文と区別して目立たせるため、「補足」「注意」「重要」などのスタイルを用意することがあります（**図5.1**）。このようなスタイルを用意する場合、それぞれのスタイルの利用基準を定めておきましょう。基準がないと必要以上に多くのスタイルを使ってしまい、本当に注意しなければならないメッセージが埋もれてしまいます。特に、「注意」や「重要」などの強調は、本当に必要なときだけ使うことが重要です。スタイルの利用基準の例を**表5.3**に挙げます。

図5.1　「注意」スタイルの例

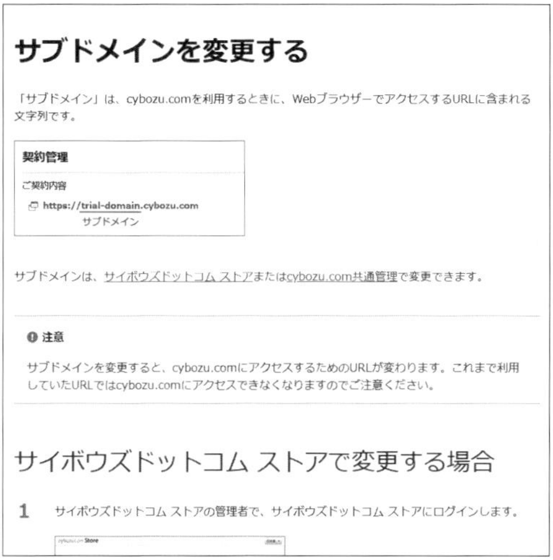

表5.3　スタイルの利用基準の例

スタイル	利用基準
補足	補足説明や、知っていると便利な情報
注意	知らないとトラブルにつながる可能性がある情報
重要	知らないと重大なトラブルにつながる可能性がある情報

用語集で用語を統一する

ヘルプで使う用語を決めておくことは重要です。同じ語が場所により別の意味で使われていると、誤解につながります。また、ヘルプは公式資料としての役割を持ち、そこで使われる用語はマーケティングの資料や社内外の資料で使われていきます。ヘルプで使われる用語にブレがあると、そのブレは二次資料にも波及していき、あとから変えることは大きな労力を伴います。

また文章表現についても、迷いやすいものは使う表現を決めておきます。スタイルガイドと同様に、制作を効率化し、一貫性と読みやすさを維持する効果があります。

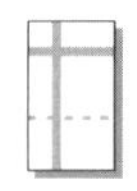

用語集に載せる用語

用語集には、次の情報を載せておきます。

- プロダクトで使われる用語
- 専門用語
- 迷いやすい表現

迷いやすい表現については、使う表現と使わない表現を載せます。たとえば、「PC」と「パソコン」のどちらの表現を使うか、「夏時間」と「サマータイム」のどちらの表現を使うか、などです。

採用する表現を選ぶ際には、次のような判断材料があります。

- 各分野の用語辞典で使われている表現
- 新聞社のサイトで使われている表現
- 政府機関のサイトで使われている表現
- Googleなどの検索結果で多く使われている表現

また、IT分野の用語であれば、Microsoftなどが使っている表現に合わせるという手もあります。

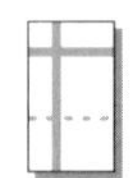

Webデータベースで効率的に用語を管理する

サイボウズでは、用語集の管理にWebデータベース（自社プロダクトのkintone）を利用しています。Webデータベースを使うと、用語や表現をチームで話し合いながら決めていけます。また、採用する用語や表現を決定した経緯が残り、あとから参照できるようになるメリットもあります。用語や表現を決める際には、次の流れをとっています。

1. 用語や表現に迷ったら、Webデータベースに登録する（**図5.2**）
   → 制作チームのメンバーに通知される
2. Webデータベース上でチームで議論し、採用する用語や表現を決定する（**図5.3**）

用語や表現は、一度決定したらずっと使い続けるというものではありません。言葉は生き物なので、常に見直しが必要です。時代に合わない古い言葉があれば、改めて議論して更新していきましょう。

図5.2　Webデータベースに登録した文章表現

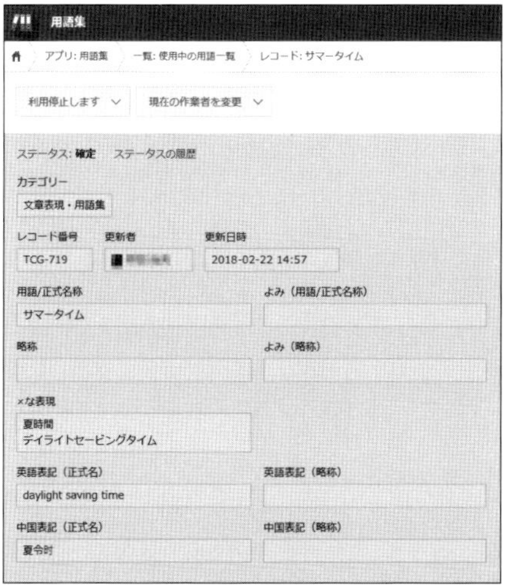

図5.3　Webデータベース上で議論

記事を作る

文章と図解のテクニック

この章では、記事の制作を取り上げます。この本の読者の方の中には、文章を書くことに不慣れな方もいるでしょう。ですが、ヘルプの文章を書く場合は特別な文才がいるわけではありません。ユーザーがヘルプに不満を抱く原因は、探している情報が見つからないこと、逆に不要な情報が多いこと、使われている言葉の意味がわからないことなどに依る場合がほとんどです。前章までの準備でユーザーに伝える情報は揃っているので、あとはそれを適切に組み立てるだけです。この章で解説するポイントを意識すると、効率良くわかりやすい説明を生み出せるようになります。

アウトラインを決める

よほど文章を書き慣れている人でない限り、いきなり文章を書き始めるのはおすすめしません。その前に、何をどのような順番で説明していけばユーザーがすんなりと効率的に理解できるかを考えて、説明の骨組み（アウトライン）を作っておくと、スムーズに説明を書けるようになります。

ユーザーのスタートとゴールを決める

アウトラインを考えるときには、まずユーザーのスタートとゴールを決めます。スタートとゴールとはすなわち、どのような状態にあるユーザーが記事を閲覧し、記事を読んだ結果どのような状態になっているべきかということです。これは次の点を意識して決めてください。

- この記事を読む前に、ユーザーはプロダクトをどこまで理解しているか
- ユーザーは何を求めてこの記事を読むのか

決めた結果は、次のように箇条書きで並べます。

ユーザーのスタートとゴールの例

- **スタート**
  kintoneで業務アプリを開発できることはわかったが、作り方がわからない。
- **ゴール**
  アプリ開発の流れを理解し、簡単なアプリを開発できるようになった。さらに、もう少し複雑なアプリ開発にチャレンジしたくなった。

複数人でヘルプを制作する場合、各記事について、このスタートとゴールを制作者の間で決めておくことをおすすめします。そうすることで、記事と記事のつながりができるだけでなく、ほかの制作者に記事のチェックを依頼する際に意見の大きなズレを減らせます。

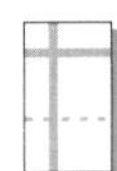

ユーザーに伝えることを書き出す

スタートとゴールが決まると、ユーザーに伝えなければならないことが見えてきます。記事でユーザーに伝える情報をリストアップしましょう。ここでは、第4章までで収集した情報を使えます。この段階では、順番や言葉の表現などの細かいところは気にせず、記載が必要な情報を漏れなく洗い出すことを重視して書き出します。操作中にエラーが起きたときの対処方法も忘れずに書き出してください。たとえば次のようになります。

ユーザーに伝えることを書き出した例

- アプリ開発の開始前に必要な環境設定
- 開発中のアプリを保存し、中断する方法
- 保存したアプリを開き、アプリ開発を再開する方法
- 簡単なアプリを例にしたアプリ開発手順
- アプリのアイコンの作り方
- 開発したアプリに機能追加する方法（方法を解説した記事への誘導）
- エラーへの対処方法

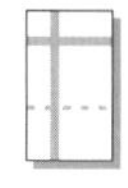

書き出した情報を整理する

次に、書き出した情報をどのようなグループにまとめ、どのような順番で伝えれば、情報を探しやすく、わかりやすくできるか考えていきます。これは次の順番で進めるとよいでしょう。

1. ユーザーがどのように情報を探そうとするかを意識して、情報をグループ化、または分解する
2. ユーザーが情報を探そうとするタイミングを意識して、項目を並び替える

情報の親子関係によって整理するものではないことに注意してください。ユーザーが理解しやすく、情報を探しやすくすることを意識しましょう。また、記事で説明するプロダクトの操作手順が長くなるときは、全体的な流れを先に伝えるようにしましょう。

情報を整理した例を次に挙げます。

ユーザーに伝える情報を整理した例

- アプリ開発の全体的な流れ
- 簡単なアプリを例にしたアプリ開発手順
  - アプリ開発の開始前に必要な環境設定
  - 開発手順
  - アプリのアイコンの作り方
  - 開発中のアプリを保存し、中断する方法
    - 保存したアプリを開き、アプリ開発を再開する方法
- エラーへの対処方法
- 開発したアプリに機能追加する方法（方法を解説した記事への誘導）

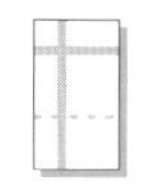

見出しを決める

最後に、ここまでで決めた記載項目をもとにして、記事中の見出しを決めます。各見出しは、ユーザーが次の情報を読み取れる言葉にすることを意識します。

- 見出しに続く本文に何が書かれているか
- どのようなときに読む必要があるのか

たとえば次のような見出しの構造ができあがります。

見出し構造の例

- アプリ開発の流れ
- アプリを開発しよう
  - 開発を始める前に
  - ○○○を設定しよう
  - ○○○を設定しよう
  - ○○○を設定しよう
  - アプリのアイコンを作ろう
  - アプリ開発を中断する場合
    - アプリ開発を再開するには
- アプリ開発中にエラーになったら
- アプリに機能を追加しよう

見出しが決まったら、あとはそれぞれの見出しの中に説明の文章を肉付けしていきます。

わかりやすい文章のテクニック

ヘルプで書く文章は、できるだけ短く、簡潔にするのがポイントです。流し読みするだけで、必要な情報を素早く得られる文章が理想です。ここでは、読みやすく、わかりやすい文章を書くためのテクニックを紹介します。要点を押さえれば、読みやすい文章をすぐに書けるようになります。

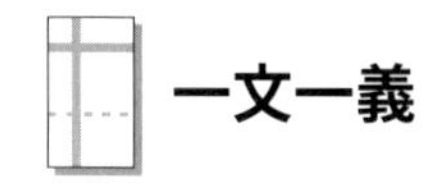

一文一義

わかりやすい文章の基本は、一文をできるだけ短くすることにあります。1つの文に1つの話題だけを込める「一文一義」が原則です。1つの文に複数の話題があると、主語と述語の係り受けや、動詞と目的語の係り受けなどが複雑になり、文意をつかみづらくなります。その結果、読む速度の低下につながります。文を書いたら一度見直し、複数の文に分割できないか確認してください。

改善前

パスワードの変更画面が表示されたら、現在のパスワードと新しいパスワードを入力しますが、現在のパスワードがわからない場合は［パスワードを忘れた場合］をクリックしてください。

改善後

パスワードの変更画面が表示されます。現在のパスワードと新しいパスワードを入力します。現在のパスワードがわからない場合は［パスワードを忘れた場合］をクリックしてください。

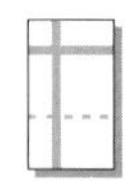

簡潔に書く

前置き、接続詞、修飾語などはできる限り削ってください。また、通常の操作説明では丁寧語を使い、尊敬語や謙譲語は使いません。

メールなどで相手に何かを依頼する際には、「お手数ですが」「○○してくださいますようお願い致します。」などクッション言葉や尊敬語を多用することが多いと思います。ですが、大量の文章が載り、ユーザーに依頼する注意や操作も多いヘルプでは、クッション言葉や尊敬語は過剰に丁寧な印象を与え、読みづらさの原因になります。丁寧さより簡潔さを重視しましょう。

改善前

ライセンスコードを入力してくださいますようお願い致します。

改善後

ライセンスコードを入力してください。

「したがって」「また」などの接続詞も、不要なことが多いでしょう。省略しても意味が通るようなら、省略するとかえってリズム良く読めるようになります。

改善前

ほかのユーザーのプロフィールと連絡先を確認できます。また、ほかのユーザーにメッセージを送ることもできます。

改善後

ほかのユーザーのプロフィールと連絡先を確認できます。ほかのユーザーにメッセージを送ることもできます。

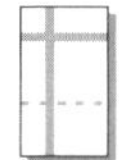

ユーザーに求める操作を明確に書く

ビジネスでは相手への曖昧な依頼は禁物ですが、ヘルプで書く文章でも同様です。ユーザーに何かを依頼するときは、何をすればよいか明確に書くよう意識してください。特に、何かの確認を依頼するときには、確認した結果がどうなっていればよいのか曖昧になることが多いようなので注意が必要です。

改善前

Webブラウザーの Cookieの設定を確認してください。

改善後

Webブラウザーの設定でCookieが有効になっていることを確認してください。

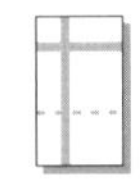

主題（言いたいこと）から書く

何が言いたいのか、なかなかわからない文章は、読んでいてイライラするものです。ヘルプのように、情報を素早く得たいと思って読む文章では特に、そのような文章は好ましくありません。ユーザーへの要求を素早くつかんでもらうために、主題（言いたいこと）から書きます。たとえば、ユーザーへの要求は「要求」→「その理由」の順に書きます。

改善前

システムを正常に起動できなくなる恐れがあるので、アップデート中は電源を切らないでください。

改善後

アップデート中は電源を切らないでください。システムを正常に起動できなくなる恐れがあります。

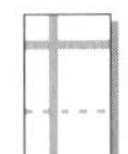

ユーザーを主体にする

ヘルプの書き手は開発チームに近い立場にいることが多いため、プロダクトを主体にして説明を書いてしまうことがあります。

改善前

［削除］をクリックすると、すべてのデータを削除します。

ヘルプの文章は、相手（ユーザー）を主体にして書くようにします。ユーザーが自分視点で読めるようになり、ぐっと理解しやすくなります。

改善後

［削除］をクリックすると、すべてのデータが削除されます。

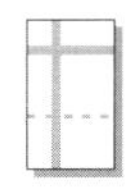

列記には箇条書きを使う

項目を並べるときは、できるだけ箇条書きを利用します。たとえば次のような項目を列挙する場合です。

- 条件
- 構成要素

箇条書きにすることで、並列関係が視覚的にわかりやすくなり、ユーザーの関心を引きやすくなります。

改善前

名前、住所、メールアドレス、電話番号、および誕生日の入力は任意です。

改善後

次の項目の入力は任意です。

- 名前
- 住所
- メールアドレス
- 電話番号
- 誕生日

項目の順番に意味がある場合は番号を付ける

操作の順番や優先順位など、箇条書きの順番に意味がある場合は、項目に番号を付けます。

改善前

次の順に設定します。

- ユーザー
- 組織
- 役職

改善後

次の順に設定します。

1 ユーザー
2 組織
3 役職

逆に順番に意味がない場合には、番号を付けないようにします。番号を付けると、書き手にそのつもりがなくても順番があるものと誤解を受けることがあります。

改善前

最初に次の設定が必要です。

1 ユーザー
2 組織
3 役職

改善後

最初に次の設定が必要です。

- ユーザー
- 組織
- 役職

項目が多い場合は分類する

箇条書きは、項目が多くなると読みづらくなります。また、ユーザーの記憶にも残りにくくなります。項目が7個を超えるようなら、関連する項目をグループ化できないか確認してください。負担なく読めるようになります。このような工夫を「チャンキング」と呼びます。たとえば電話番号を「03-1234-5678」のように分割して示すのもその一例です。

改善前

システム管理では、次の設定が可能です。

- ユーザー
- 組織
- 役職
- システム管理者
- 各ユーザーの権限
- パスワードポリシー
- 監査ログ

改善後

システム管理では、次の設定が可能です。

- ユーザーと組織の設定
  - ユーザー
  - 組織
  - 役職
  - システム管理者
- セキュリティーの設定
  - 各ユーザーの権限
  - パスワードポリシー
  - 監査ログ

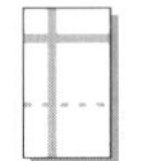

表を適切に使う

表には、情報の一覧性を高め、大量の情報の中から必要な情報を読み取りやすくする効果があります。対になる情報が並ぶときは、表にできないか検討してください（**表6.1**）。

表6.1　表の活用例

エラーメッセージ	原因	対処方法
データファイルを開けませんでした。	ほかのアプリケーションが、書き込み先となるデータベースファイル（*.odb）を開いている可能性があります。	いったんすべてのアプリケーションを終了し、再度実行してください。
アクセスが拒否されました。	アクセス権の設定により、アクセスが拒否されています。	システム管理者にお問い合わせください。

表は特に、トラブルシューティングで有効です。状況、原因、対処方法の対を、ユーザーが探しやすい形で表現できます。

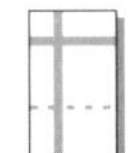

見出しで情報の区切りを明確にする

見出しは話題の区切りを示します。説明を見出しで適切に区切ることで、ユーザーは次に始まる話題を予測できるようになります。ユーザーは見出しから次のことを判断します。

- 求めている情報があるか
- 読む必要のある内容が書かれているか

見出しを辿ることで、読む必要のない項目はスキップし、必要な情報へと素早く辿り着けるようになります。見出しは、次の情報がわかるようにすることを意識してください。

- 見出しに続く本文に何が書かれているか
- どのようなときに読む必要があるのか

次の説明を改善してみましょう。改善前の説明は、見出しなしでだらだらと書かれてしまっていて、求めている情報がどこにあるのかわかりづらくなっています。

改善前

Excelファイルを読み込んで、アプリを作成できます。アプリの作成と同時に、ファイル内のデータも取り込めます。業務で利用しているExcelファイルから、アプリを作ってみましょう。
読み込めるExcelファイルには、次の条件があります。

- 表形式になっている
- セルの結合がない
- パスワードがかかっていない
- ファイルサイズが1MB以下

上記の条件を満たしていない場合、読み込む前に整形が必要です。詳細はExcelファイルを整形するを参照してください。
Excelファイルを読み込むには、トップページで［アプリ作成］をクリックし、画面上の手順に従って操作します。
読み込みに失敗する場合、Excelファイルが読み込める形式になっていない可能性があります。Excelファイルが上記の条件を満たしているか確認してください。

改善後

Excelファイルを読み込んで、アプリを作成できます。アプリの作成と同時に、ファイル内のデータも取り込めます。業務で利用しているExcelファイルから、アプリを作ってみましょう。

読み込めるExcelファイルの条件
読み込めるExcelファイルには、次の条件があります。

- 表形式になっている
- セルの結合がない
- パスワードがかかっていない
- ファイルサイズが1MB以下

上記の条件を満たしていない場合、読み込む前に整形が必要です。詳細はExcelファイルを整形するを参照してください。

操作方法
Excelファイルを読み込むには、トップページで［アプリ作成］をクリックし、画面上の手順に従って操作します。

読み込みに失敗したら
読み込みに失敗する場合、Excelファイルが読み込める形式になっていない可能性があります。Excelファイルが「読み込めるExcelファイルの条件」の条件を満たしているか確認してください。

改善後の説明は、見出しによって情報の区切りがわかりやすくなっています。たとえばプロダクトの操作方法を知りたいユーザーであれば、「操作方法」の見出しから読めばよいことがわかります。さらに、「読み込みに失敗したら」の見出しの内容は、該当のトラブルが起きた場合だけ読めばよいことがわかります。

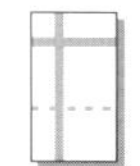

視覚的な変化をつける

情報の重要度や対象ユーザーに応じて複数のスタイルを使い分けて書くことで、視覚的な変化が生まれ、ユーザーが必要な情報を読み取りやすくなります（**図6.1**）。ただし、スタイルの種類があまりに多くなると雑然とした印象になり逆効果ですので、多くても5種類程度に留めることをおすすめします。

図6.1　kintone ヘルプでの注意文の表示例

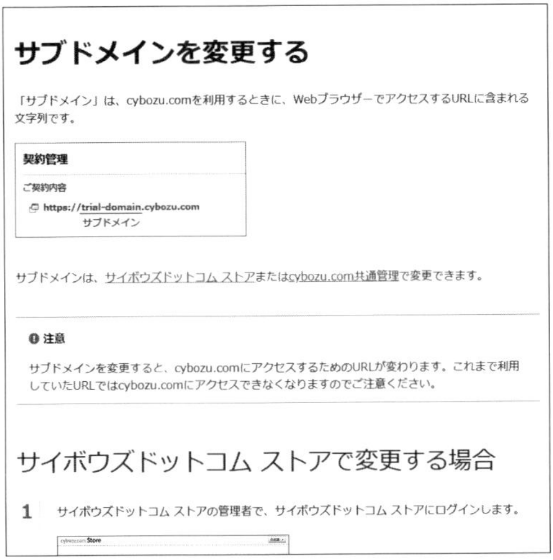

サブドメインを変更する

「サブドメイン」は、cybozu.comを利用するときに、Webブラウザーでアクセスする URLに含まれる文字列です。

契約管理

ご契約内容

https://trial-domain.cybozu.com

サブドメイン

サブドメインは、サイボウズドットコム ストアまたはcybozu.com共通管理で変更できます。

注意

サブドメインを変更すると、cybozu.comにアクセスするためのURLが変わります。これまで利用していたURLではcybozu.comにアクセスできなくなりますのでご注意ください。

サイボウズドットコム ストアで変更する場合

1　サイボウズドットコム ストアの管理者で、サイボウズドットコム ストアにログインします。

誤解を防ぐ文章のテクニック

ヘルプに掲載する情報には正しさが求められます。正しい仕様を書くことは当然ながら、それを誤解なくユーザーに伝達しなければなりません。自分では正確に書いているつもりでも、複数の意味にとれる文章や、ユーザーによって捉え方が異なる文章を書いてしまうことはよくあります。

二重否定を使わない

誤解を受けやすい文章の代表例が、二重否定です。二重否定の表現を使うと文章がわかりづらくなり、ユーザーの混乱を招きます。「〜しないと、〜しません。」という文は「〜しないと、〜します。」のように変えて、否定の表現は一文中に1つまでに留めましょう。

改善前

ファイルA以外は削除しないでください。

改善後

ファイルAのみ削除してください。

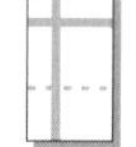

係り受けを明確にする

次の説明は、病院の説明動画にあったものです。

複数の意味に受け取れる文章の例

消毒薬Aのように刺激の強くない消毒液を使用してください。

この説明は次の2通りの解釈ができます。消毒薬Aは使ってよいのかどうか解釈に困りました。

- 消毒薬Aは刺激が強いので使ってはいけない
- 消毒薬Aは刺激が強くないので使ってよい

この例のように、係り受けが不明確な文章は、まったく逆の意味に受け取られかねません。この例文であれば、次のように読点を入れることで改善できます。

読点を入れて係り受けを明確にした例

消毒薬Aのような、刺激の強くない消毒液を使用してください。

あるいは、次のように肯定形に変えることでも改善できます。

肯定形にして意味を明確にした例

消毒薬Aのように刺激の弱い消毒液を使用してください。

否定形は不必要に文が長くなるだけでなく、意味が不明確になることもあるので、できる限り肯定形にしてください。

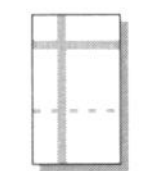

主語と述語の対応に気をつける

係り受けは、主語と述語の対応についても注意する必要があります。特に、長い文になると主語と述語が合わなくなるミスが起こりやすくなるので注意しましょう。主語と述語の対応をチェックするには、それら以外の語句を除いてみます。例を挙げます。

主語と述語が合わない文章の例

ルックアップは、アプリに入力するデータをほかのアプリから取得できます。

主語と述語以外の語句を除くと次のようになります。

主語と述語だけを残した文章

ルックアップは、取得できます。

このように、主語と述語が対応していないことがわかります。次のように改善しましょう。

主語と述語を対応させた文章

ルックアップは、アプリに入力するデータをほかのアプリから取得できるようにする機能です。

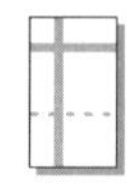

主語、目的語と述語を近づける

主語と述語の対応が正しくても、文が長いと対応関係がひと目ではわかりづらくなります。文が長くなるときは、主語、目的語と述語を近づけると対応がわかりやすくなります。

改善前

データは、自動同期を無効にした場合は手動で同期しない限りバックアップされません。

改善後

自動同期を無効にした場合は、手動で同期しない限りデータはバックアップされません。

わかりやすい機能説明のテクニック

プロダクトの機能説明は、ヘルプの説明の中でも多くを占めます。機能説明の特徴は、ユーザーがよく知らない新しい概念を理解してもらう必要があるという点です。

簡潔で論理的にも文法的にも正しい文章を書いても、それだけではわかりやすい説明になりません。読んで「自分のために書かれたような説明だ」と感じる説明こそが、「わかりやすい！」という印象に結びつきます。

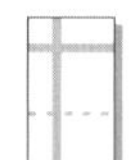

ユーザーの馴染みのある知識と関連付ける

相手がすでに知っている概念と結びつけると、新しい概念も理解しやすくなります。心理学では、私たちが物事や状況を理解するとき、記憶するとき、再生するときに働く枠組みやあらすじのことを「スキーマ」と呼びます。たとえば、私たちがスーパーマーケットに買い物にいくときには、次のようなあらすじが頭に思い浮かびます。

1 店の入り口で買い物かごを取る
2 店内で欲しい商品をかごに入れる
3 かごをレジに持っていき、商品代を払う

このスキーマのおかげで、初めて入る店でも私たちは迷うことなく買い物ができ、物事をすんなりと理解できます。同じように、「ショッピングカートを取ってきて」と誰かに言われたら、ショッピングカートのだいたいのイメージがその特徴とともに思い浮かびます。ショッピングカートとはどういうものかをすでに知っているからです。私たちは、過去の経験や知識から構成されたスキーマに従って行動しています。

新しい概念を説明するときには、このスキーマを活用します。相手が身近に感じる話題を提示することで、相手が持つスキーマを呼び覚まし、新しいスキーマを頭の中に作ってもらいます。たとえば、サイボウズのkintoneではデータベースを次のように説明しています。

kintoneでのデータベースの説明例

データベースでは、「レコード」という単位でデータを管理します。顧客情報を例にすると、1件の顧客の情報が1つのレコードです。また、顧客情報を構成する顧客ID、会社名、住所や電話番号などの項目を「フィールド」と呼びます。

データベースには、次のような表形式でデータが保存されます。

フィールド

顧客ID	会社名	住所	電話番号
B-1327	サイボウズ	東京都...	03-580...
B-1538	ボウズ電機	大阪府...	06-430...
C-1328	ボウズ商会	東京都...	03-232...

レコード

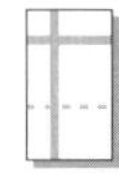

リード文から入る

リード文とは、見出しの直後に置く導入文です。ちょうど今、あなたが読んでいるこの文章です。その記事、その項目で述べることや、説明を読む上で前提となる情報などを示します。

リード文を入れることで、ユーザーは説明を読む上での心構えができるだけでなく、自分が求めている情報がその記事や項目にあるかどうかを確認できるようになります。なお、述べる内容が見出しから明らかで、書くべき追加情報もない場合は、無理にリード文を入れる必要はありません。

リード文の例

スマートフォン用アプリ「kintone モバイル」では、kintoneの通知をスマートフォンで受信できます。ここでは、スマートフォンで通知を受信するかどうかを設定する方法を説明します。初期設定では受信する設定になっています。

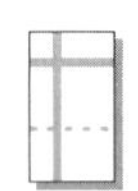

概要を挟む

リード文のあとに説明に入りますが、いきなり詳細に入るのではなく、その前にまず機能の概要をユーザーに理解してもらいます。適切な概要説明を挟むと、ユーザーは機能の全体像をつかんでから詳細の理解に移ることができ、説明を理解しやすくなります。

概要の説明では、機能について説明するだけでなく、機能を使うことでどのようなメリットがあるのかも伝えましょう。

概要説明の例

VLOOKUP関数とは、指定した表からデータを取得する関数です。VLOOKUP関数を使うことで、手動での入力と比べて素早く値を入力できるだけでなく、転記ミスも防げます。また、取得元の表のデータが変わった場合には、VLOOKUP関数を使って入力した値も自動的に更新されるので、管理効率も高まります。

わかりやすい操作手順のテクニック

プロダクトの操作説明は、ヘルプの中で最も多くの割合を占めることが多いと思います。そのため、操作説明のわかりやすさはヘルプの印象を大きく左右します。

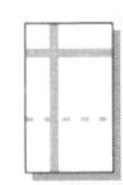

一画面一手順

操作手順の説明では、1つの画面の操作を1つの手順とするのが基本です。ユーザーは、1つの画面上の操作をひと続きに行おうとするからです。たとえば、次のような書き方になります。

一画面一手順にした説明の例

1 画面右上の［管理］をクリックし、表示されたメニューから［個人設定］をクリックします。
2 「タイムゾーン」の項目で、変更後のタイムゾーンを選択します。
3 ［保存］をクリックします。

ただし、常に一画面一手順が最適とは限りません。ユーザーがヘルプで操作説明を確認するきっかけの多くは「目的の操作ができる画面に辿り着けないとき」です。目的の操作ができる画面まで辿り着いてしまえば、ヘルプを見ることなく操作するユーザーもいます。次にヘルプを見るのは、操作に詰まったときでしょう。そのような場合に、ヘルプの操作手順が一画面一手順で書かれていると、ユーザーは今自分がどのステップにいるのかわからなくなります。そのため、次のような書き方もおすすめです。

操作に詰まるポイントだけを説明した例

1 ［読み込み］をクリックして、読み込むExcelファイルを選びます。
2 表示される画面に従って、次の画面が表示されるまで操作を進めます。
（画像）
3 この画面では、Excelファイルの列とアプリのフィールドを紐付けます。
……

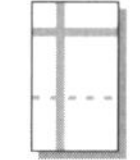

ユーザーの操作だけを手順にする

次の操作手順の書き方には、どこに問題があるかわかるでしょうか？

改善前

1 画面右上の［管理］をクリックし、表示されたメニューから［個人設定］をクリックします。
2 個人設定画面が表示されます。
3 「タイムゾーン」の項目で、変更後のタイムゾーンを選択します。
4 ［保存］をクリックします。

この例では、ユーザーが行う操作と、その操作による結果が混ざっています。そのため、ユーザーにとって、自分が行う必要がある操作とそれ以外の区別がつきにくくなっています。たとえば、次のように改善できます。ユーザーが行う必要がある操作だけを手順にして、その操作による結果と分けて書きます。

改善後（ユーザーが行う操作だけを手順にした操作説明）

1 画面右上の［管理］をクリックし、表示されたメニューから［個人設定］をクリックします。
→個人設定画面が表示されます。
2 「タイムゾーン」の項目で、変更後のタイムゾーンを選択します。
3 ［保存］をクリックします。

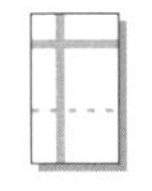

作業の目的を書く

車を運転する方には「あるある」な話だと思いますが、カーナビの指示に従って運転していると、一度通った道をもう一度カーナビなしで辿ろうとしても辿れないことが多いものです。プロダクトの操作も同様で、ただ指示に従って操作していると、操作の意味を考えずに進めがちになります。その結果、次に同じ操作をしようとしてもできず、再びヘルプを見なければならなくなります。

難解な操作を説明する場合は、それぞれの操作の目的も併せて記載するようにしましょう。そうすることで、ユーザーがそれぞれの操作の意味を理解しながら進められるようになり、操作がユーザーの記憶に残りやすくなります。さらには、次のメリットもあります。

- 操作中にエラーが起きた場合に、原因と対処方法を推測しやすくなる
- 次に似た操作をするときに応用が利き、方法を推測しやすくなる

作業の目的を併記した操作説明の例を挙げます。

作業の目的を併記した操作説明の例

ルックアップによるデータ参照が設定されたアプリを削除するときは、あらかじめルックアップの設定を解除しておく必要があります。

1 アプリの設定を開きます。
2 「ルックアップ」フィールドを削除します。
　→ルックアップによるデータ参照が解除されます。
3 [保存] をクリックします。
　→設定が保存されます。

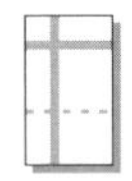

スクリーンショットを効果的に使う

プロダクトの操作手順を説明する上で、スクリーンショット（操作画面を撮った画像）を使った説明は効果的です。「[保存] をクリックします。」と文章

だけで説明すると、ユーザーはプロダクトの画面の中から［保存］ボタンを探さなければなりません。スクリーンショットがあれば、どのあたりにあるボタンをクリックすればよいのか、視覚的に素早く把握できます。

すべての操作にスクリーンショットがあるのが理想ですが、一部の操作にスクリーンショットを付けるだけでも記事の印象は変わります。ここでは、スクリーンショットの撮り方と加工について解説します。

説明したいことに応じて撮影範囲を変える

クリックなどの操作を行う箇所を説明する場合は、できるだけ画面全体を撮ります（**図6.2**）。ユーザーにとって、操作する箇所が画面のどのあたりにあるのか（右上あたり、左下あたり、など）という情報は重要だからです。撮影範囲を広くすると細部は見づらくなりますが、操作する箇所がどこにあるのかがわかれば問題になりません。

図6.2　画面全体を撮ったスクリーンショットの例

画面の見かたを説明する場合など、画面の詳細を見せることに重点を置く場合は、注目してもらいたい箇所が広く写るように撮ります（**図6.3**）。

図6.3　画面の一部を撮ったスクリーンショットの例

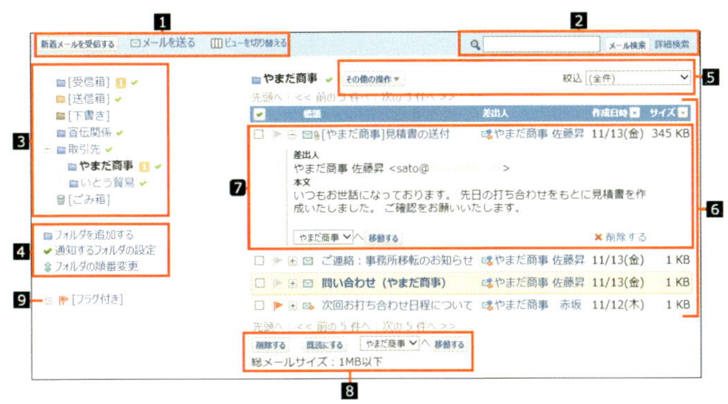

ほかと区別のつく色で加工する

スクリーンショットを撮ったら、**図6.3**のように操作する箇所を線などで示します。囲みなどに使う線には、ほかと区別のつく明るい色を使うことをおすすめします。黒やグレーなど目立たない色を使うと、ユーザーの目を引くことができません。

ハイライトする箇所を説明と一致させる

線で囲む箇所は、操作手順の説明と一致させます。複数の手順の操作を1つのスクリーンショットにまとめると、手順とスクリーンショットの対応がユーザーにとってわかりづらくなるため、避けてください。1つの手順に複数の操作がある場合は、番号や矢印で順番を示しましょう（**図6.4**）。

図6.4　操作の順序を矢印で示した例

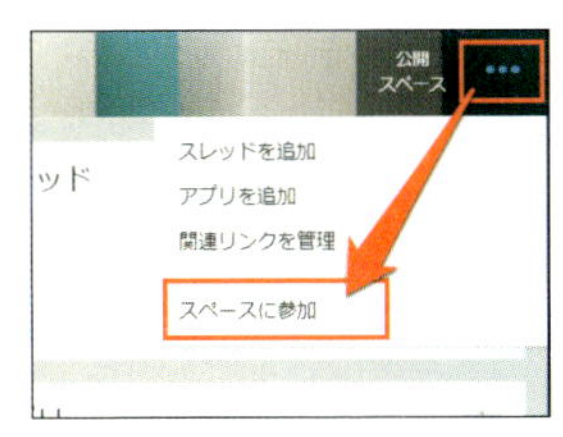

わかりやすいトラブルシューティングのテクニック

トラブルシューティングとは、ユーザーが遭遇するトラブルへの対処方法をまとめたコンテンツのことです。トラブルシューティングは、ヘルプに求められる重要な情報の1つです。

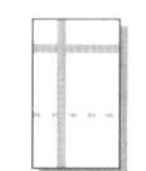

ユーザーが何をどのように探すかを意識する

トラブルシューティングの制作で重要なポイントは、情報のまとめ方です。適切なまとめ方は、情報の探しやすさにつながります。

トラブルシューティングのまとめ方にはコツがあります。それは、次の2点を考えることです。

- トラブルに遭遇したユーザーは起きている状況をどのように解釈するか
- 解決方法をどのようなキーワードで探すか

具体例を挙げます。

改善前

メール通知が迷惑メールとして処理されてしまう場合
お使いのメールソフトによっては、メール通知が迷惑メールと判断されて処理される場合があります。メールソフトの設定で、迷惑メールとして処理する対象からメール通知を外してください。

この書き方では、「メール通知が迷惑メールとして処理されている」ことを知っているユーザーしか、自分が該当しているトラブルであることを理解できません。ユーザーからは、このトラブルは「メール通知が届かない」状況として見えているかもしれません。その場合、トラブルシューティングは次のように書くのが適切でしょう。

改善後

メール通知が届かない場合
メール通知が届かない場合、お使いのメールソフトによってメール通知が迷惑メールとして処理されている可能性があります。メールソフトの迷惑メールフォルダーにメール通知がないか確認してください。メール通知が迷惑メールフォルダーにある場合、メールソフトの設定で、迷惑メールとして処理する対象からメール通知を外してください。

エラーへの対処方法を探すユーザーであれば、エラーコードで情報を探すことも多いでしょう。その場合、タイトルにエラーコードを書くこともおすすめします。

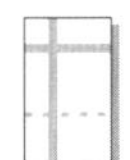

状況、原因、対処を伝える

トラブルシューティングでは、ユーザーに次の3つの情報を伝えるのが基本です。

- 状況（何が起こっているか）
- 原因（なぜそれが起こったか）
- 対処（どうすればよいか）

たとえば、次のように構成します。

トラブルシューティングの説明例

エラーコード「2102-4690」が表示される場合、送信メールサーバーへの接続に失敗しています。　**（状況）**
次のいずれかの原因が考えられます。　**（原因）**

- 設定した送信メールサーバー名が間違っている
- ネットワークの接続に問題が生じている

メールサーバーの設定で、送信メールサーバー名を正しく設定していることを確認してください。また、インターネットに接続できることを確認してください。　**（対処）**

ユーザーの誤操作が原因になる場合、原因の書き方には、ユーザーを責める書き方にならないよう配慮が必要です。責任は誤操作を招いたプロダクトにあります。

図解で視覚的に伝えるテクニック

わかりやすいヘルプにするには、図解を入れると効果的です。文章では伝わりにくい内容でも、図で補足することで、文章を簡潔にできます。

見栄えの良いイラストを作るには、Adobe Illustratorなどのイラストレーターソフトウェアを使うテクニックとデザインの知識が必要です。ですが、「わかりやすい」イラストの制作にはそれらの知識は不要です。コツを押さえれば作れるようになります。

また、プロにイラスト制作を依頼する場合でも、ユーザーに伝えたい概念を文章や言葉だけで制作者に伝えるのは難しいことが多いでしょう。簡単な図を描くことで、イラスト制作者に意図を素早く伝えられるようになります。

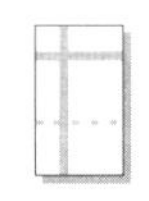

図解の効果

物事の構造、包含関係、時系列的な関係などの抽象的な概念を説明するには、文章よりも図解が適しています。文章だけで伝えるよりも、適切なイラストを添えることで、ユーザーのスムーズな理解を促せます。さらに、文章のみの説明と比べて受ける印象が柔らかくなり、説明の流れに変化も生まれるため、読んでみようという気になります。

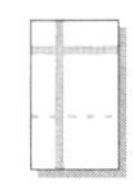

図解の弱点

一方で、図解には「誤解されやすい」という弱点もあります。第1章でも触れたように、矢印1つをとってもさまざまな意味を持ちます。**図6.5**を見て、「フォルダー Aの名前をBに変える」と解釈する人もいれば、「フォルダー AをフォルダーBに入れる」と解釈する人もいるでしょう。あるいは、「フォルダー AからフォルダーBにリンクする」という意味に受け取る人もいるかもしれません。

図6.5　誤解されやすい矢印

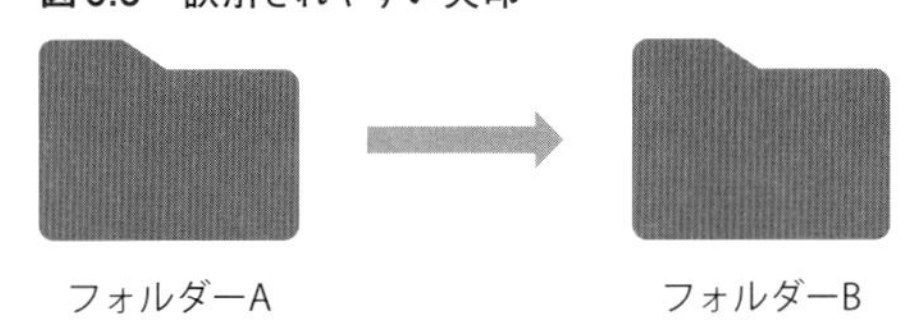

図解を使う際は、書き手の意図と違う解釈をされる可能性も考慮する必要があります。図解だけで説明しようとせず、あくまで文章での説明を補足するものとして使うとよいでしょう。

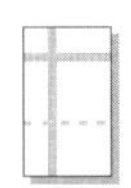

ルールを理解した上で使う

基本図形や記号には、ある程度一般に定着した意味合いがあります。また、方向がある図は、左から右、または上から下の向きにするのが自然です。それらの視覚的な特性を知らずに図形を使うと、ユーザーにとって違和感のある図になったり、誤解を招く図になったりします。ルールを知った上で図形を使うことが大切です。

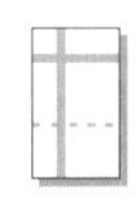

図解のテクニック

図解は、絵心よりも論理的な組み立てが大切です。いくつかのテクニックを知れば、見違えるようにわかりやすい図を描けるようになります。

ユーザーの視点から描く

ヘルプの書き手は開発者側の立場にあることが多いので、文章と同じく図も開発者視点になりがちです。開発者視点で図を描くと、プロダクトの仕様を描いた図になります。一方で、ユーザーは自分との関わりからプロダクトを把握しようとします。そのため、伝えたい概念を「ユーザーの視点から」描くことが大切です。

図の改善例を挙げます。**図6.6**は開発者（プロダクト）の視点で描かれているのに対して、**図6.7**はユーザーの視点で描かれています。視点を変えることによって、ユーザーは自分とプロダクトとの関わりを理解しやすくなります。

図6.6　プロダクト視点で描かれた図

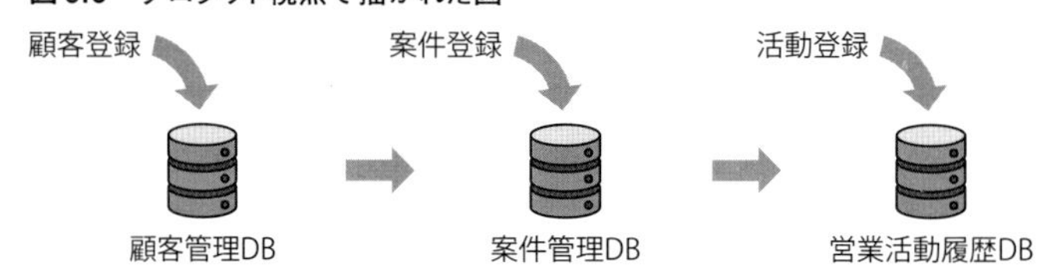

図6.7　ユーザー視点で描かれた図

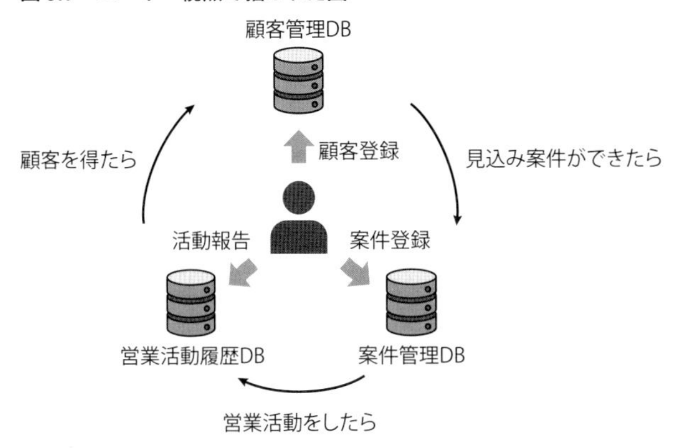

「囲む」「配置する」「つなぐ」を組み合わせる

図解の基本は、「囲む」「配置する」「つなぐ」の組み合わせです。**図6.8**のように複雑な図でも、この3つの組み合わせに分けることができます。

図の構成要素を「囲む」ことで、要素の構造、関係や分類を表せます。次に、構成要素や囲みを「配置する」ことで、順番や時系列を表せます。さらに、線や矢印で「つなぐ」ことで、方向、変化や分岐を示すことができます。

このように、「囲む」「配置する」「つなぐ」の3つを組み合わせることで、さまざまな事柄や概念を表現できます。

図6.8　「囲む」「配置する」「つなぐ」を組み合わせた例

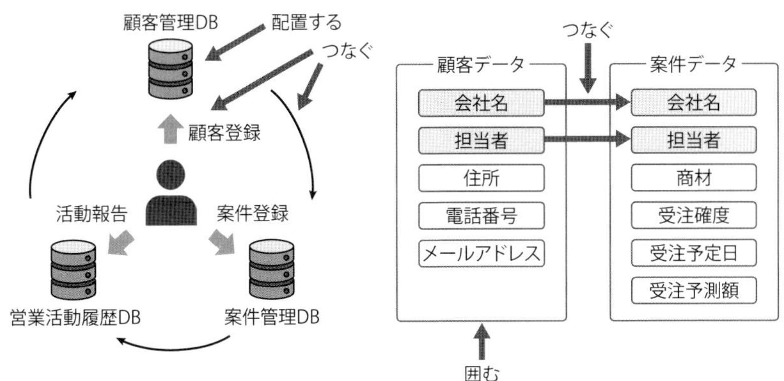

囲む

「囲み」は、対象物の構造、関係や分類を表すときに用います。階層構造、包含関係、分類の表現が主な用途になるでしょう（**図6.9**）。

図6.9　「囲み」で分類と包含を表した例

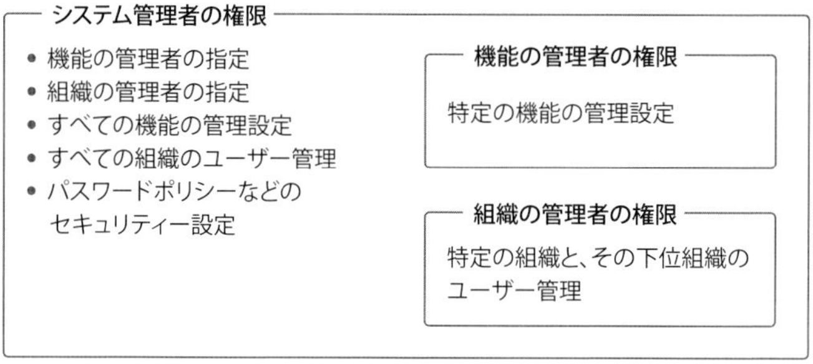

システム管理者の権限
• 機能の管理者の指定
• 組織の管理者の指定
• すべての機能の管理設定
• すべての組織のユーザー管理
• パスワードポリシーなどの
セキュリティー設定
機能の管理者の権限
特定の機能の管理設定
組織の管理者の権限
特定の組織と、その下位組織の
ユーザー管理

配置する

図の構成要素の配置や並びによって、順番や時系列を表せます。操作の順番を示したり、作業の大まかな流れを示したりする用途が多いでしょう（**図6.10**）。

図6.10　「配置」で作業の流れを示した例

利用開始までの流れ
セキュリティーの設定
組織とユーザーの設定
アクセス権の設定
機能や画面のカスタマイズ
利用開始

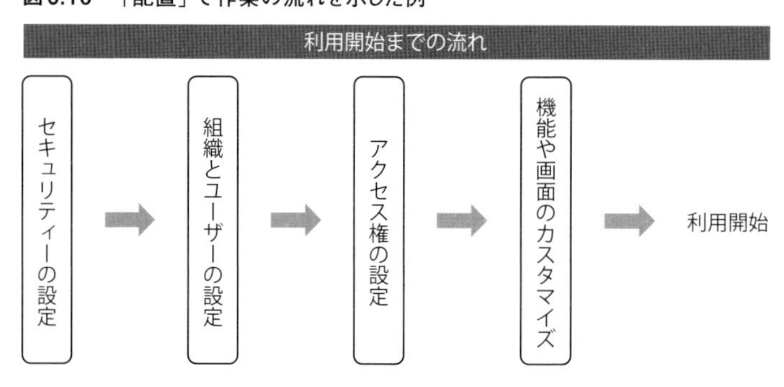

時系列などの方向がある図は、ユーザーの視線を左から右へ、または上から下へ動かすように描くのが基本です。これを逆にすると、不自然な図になります。

円環状の矢印は「循環」を表し、先述の**図6.7**のような時計回りが基本です。ただし、「負の連鎖」のようなネガティブな循環を表したい場合は、敢えて反時計回りにするとよいでしょう。

「囲み」の代わりに、構成要素の物理的な距離によって分類を表すこともできます。囲み線が多くなると図がごちゃごちゃとしてわかりづらくなるため、配置によって分離を示すことも有効です(**図6.11**)。

図6.11 「配置」で分類を示した例

顧客データ	案件データ
会社名	会社名
担当者	担当者
住所	商材
電話番号	受注確度
メールアドレス	受注予定日
	受注予測額

つなぐ

囲んだり、配置したりした複数の要素を線や矢印でつなぐことで、要素と要素の関係を表せます。線種や形状によって、方向、変化、移動、回転、合体、分岐、連携、時間の経過、因果関係、相互関係など、表す意味が変わります。「つなぎ」で要素の関係を示した例を**図6.12**に挙げます。

図6.12 「つなぎ」で要素の関係を示した例

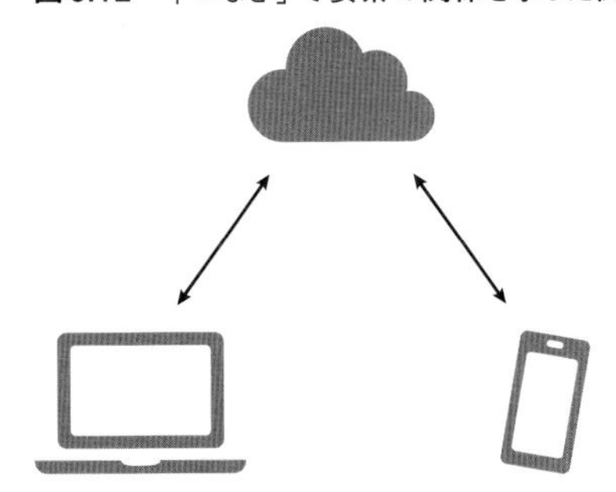

「つなぎ」は多くの意味を表すことができて便利な反面、それが災いして誤解を招きやすいものでもあります。必要に応じて、示したい関係性を言葉で補足するとよいでしょう(**図6.13**)。

図6.13　要素の関係を言葉で補足した例

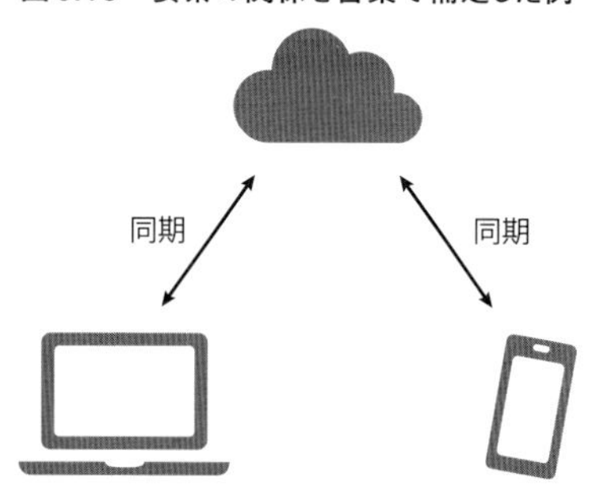

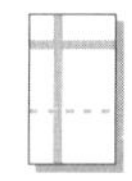

特定の意味を持つ図形に注意する

図形の中には、特定の意味を持つものがあります。図の構成要素に図形を用いる際には、その図形が持つ意味と別の意味で使わないよう注意が必要です。別の意味で使ってしまうと、誤解につながったり、意図しない印象をユーザーに抱かせたりすることがあります（**図6.14**）。

図6.14　特定の意味を持つ図形の例

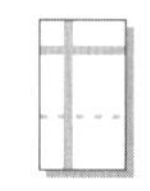

細部は削って単純化する

イラストを細部まで描きすぎると、図の情報量が多くなり、重要な情報がユーザーに伝わりにくくなります。図ができたと思ったら、省いても意味が通る要素がないか確認しましょう。次のポイントに着目して、省ける要素を見つけてください。

- 囲み枠がなくても、配置だけで分類を示せないか
- 不要な文字はないか
- ユーザーにとって不要な情報はないか

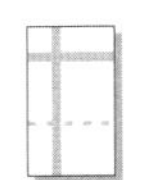 フローチャートでトラブルを診断する

フローチャートは、複数の原因と対処方法がある複雑なトラブルの診断に効果を発揮します。エンジニアの方であれば、フローチャートというと**図6.15**のような図を思い浮かべるかもしれません。ですが、ほとんどのユーザーにとってフローチャート記号は馴染みのないものです。フローチャート記号の使用は避けたほうが無難です。

図6.15　フローチャート記号

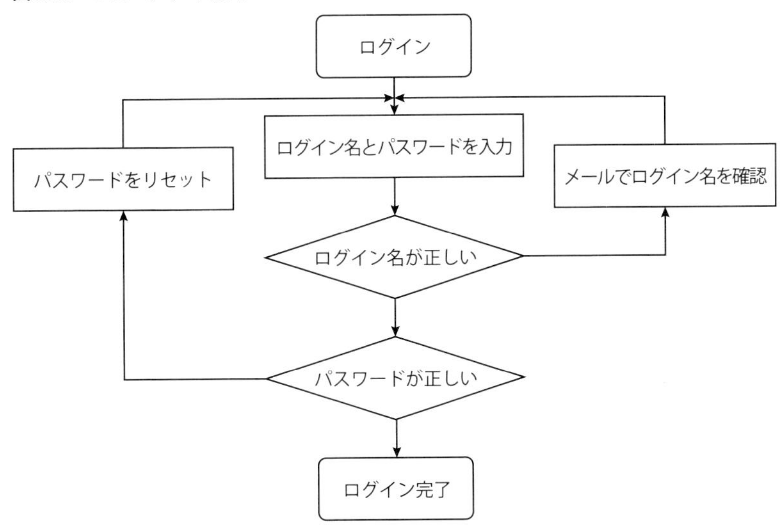

代わりに、**図6.16**のような図を使いましょう。これは、サイボウズKUNAI[注1]のヘルプで使われているフローチャートです。雑誌などでよく使われる図なので、多くのユーザーにとって馴染みがあります。

注1　サイボウズのグループウェアへのアクセスに使用するモバイルアプリです。

図6.16 サイボウズ KUNAIのヘルプのフローチャート

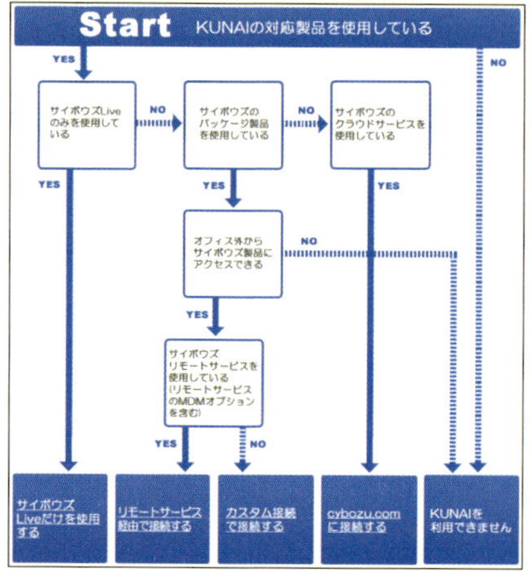

色の基本を理解する

ヘルプを含めたWebサイトの印象を決める要因になるのが色です。配色を適切に選ぶことで、統一感のあるサイトになり、またユーザーの注意を適切な箇所に誘導できます。

色は、「色相」「彩度」「明度」の3つの要素で決まります。これら3つをもとに、「ベースカラー」「メインカラー」「アクセントカラー」「補助カラー」の4つを決めるのが基本です。

色相

色相とは、赤、青、黄といった色合いのことです。色によってユーザーに与える印象が変わります。

- 赤：暖かさ、刺激的、危険など
- 青：冷たさ、清潔、冷静など
- 緑：安心、自然、やすらぎなど

ほかの色にも、色ごとにユーザーに与える印象があります。Webなどに情報があるので調べてみてください。

色相の構成を表す「色相環」(カラーダイヤル)と呼ばれるものがあります(**図6.17**)。色相環上で近くにある色を「類似色」、または「同系色」と呼びます。逆に向かい合った色との組み合わせは、「補色」と呼びます。色相が近い色を選ぶと類似を、色相が遠い色を選ぶと対比を表現できます。

図6.17　色相環

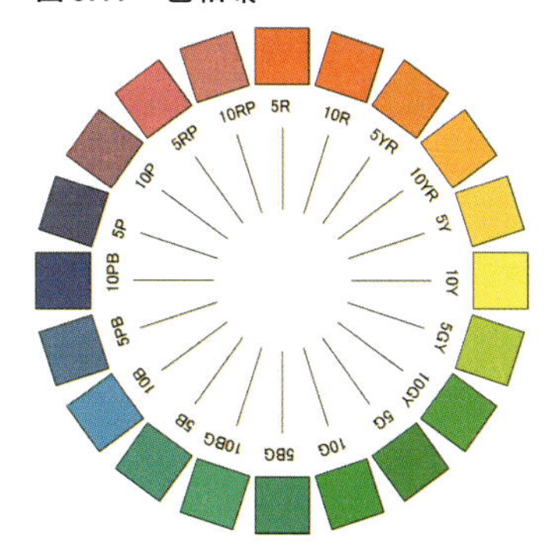

File:MunsellColorCircle.png. (2018, November 12). Wikimedia Commons, . Retrieved 03:11, 1月 21, 2019 from https://commons.wikimedia.org/w/index.php?title=File:MunsellColorCircle.png&oldid=327496950.

彩度と明度

彩度とは、色の鮮やかさのことです。鮮やかさが0の色は、黒、グレーと白で、「無彩色」と呼ばれます。また、明度とは色の明るさのことです。最も明るい色は白で、最も暗い色は黒です。

図6.18は、色相を緑に固定して、彩度と明度だけを変化させたグラフです。色相も変化させると3次元のグラフになってしまうので、色相を固定しています。この図を見ると、彩度と明度の関係がわかりやすいでしょう。左上は、彩度がまったくなく明度が最も高い色で、すなわち白になります。左下は、彩度も明度もまったくない色で、すなわち黒です。最も右の色は、白と黒がまったく入っていない純粋な緑色で、「純色」と呼ばれます。

図6.18のような、色相を固定した彩度と明度の組み合わせのことを「色調」(トーン)と呼びます。1つの色に対して、彩度と明度の組み合わせにより、さまざまな色調を作れます。

図6.18　色調の例

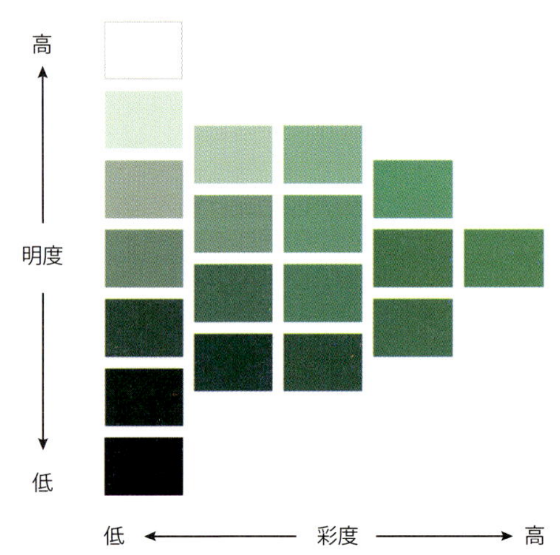

ドミナント

配色の基本は統一感です。統一感のある配色を選ぶための手法の代表例が、「ドミナント」です。ドミナントとは、「支配的な」「優勢な」という意味で、全体を支配する色を決めることで統一感を演出します。

ドミナントには、支配色を色相でとらえる「ドミナントカラー配色」と、色調（トーン）でとらえる「ドミナントトーン配色」があります。

ドミナントカラー配色では、色相を統一してトーン（彩度と明度の組み合わせ）を変えます（**図6.19**）。ユーザーに与えたい印象にもとづいて特定の色を使いたい場合や、ブランドカラーで統一したい場合に適しています。

図6.19　ドミナントカラー配色

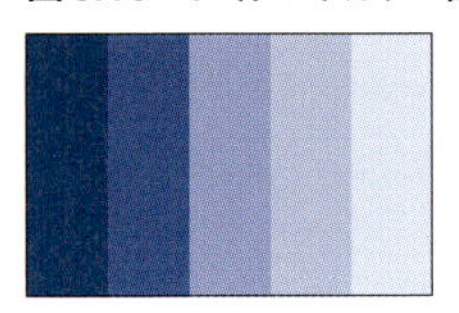

ドミナントトーン配色では、トーンを統一して色相だけを変えます（**図6.20**）。賑やかな印象を出しながら、統一感も演出できます。

図6.20　ドミナントトーン配色

ヘルプの使われ方に依りますが、ユーザーがヘルプの記事を印刷して読むことが想定される場合には、ドミナントカラー配色が適しています。ドミナントトーンで配色すると、記事を白黒印刷した場合に色相の情報が失われ、色の区別が付かなくなるからです。

アクセントカラーでポイントを強調する

Webサイト全体の配色を決める際には、一般的に「ベースカラー」「メインカラー」「アクセントカラー」の3つの配色を決めます。それぞれの色の比率をベースカラー70%、メインカラー25%、アクセントカラー5%にすると、美しくバランスのとれた配色になります。

- **ベースカラー**
  ベースカラーは、最も大きな面積を占める基本となる色です。背景に用いることが多く、メインとアクセントのカラーを引き立てる役割があります。ヘルプサイトでは可読性を重視して、白などの明度の高い色や、淡い色が良いでしょう。
- **メインカラー**
  メインカラーは、サイトの印象を決定付ける色になります。サイトの印象として利用したい色、コーポレートカラーや、プロダクトのブランドカラーなどを使うことが多いでしょう。図にもこのメインカラーを使用すると、サイト全体との馴染みが良くなります。
- **アクセントカラー**
  アクセントカラーは、全体に占める面積は小さいながらも、最も目立つ色です。全体を引き締め、ユーザーの目を引く効果を持ちます。画面上で操作する箇所や重要なポイントなど、ユーザーに注目してもらいたい箇所に使います。
- **補助カラー**
  上記の3つの色のほかに、ヘルプサイトでは補助カラーを決めておくと良いでしょう。補助カラーは、図の枠線や矢印などの補助的な部分に使います。

　ヘルプサイトでは、記事の内容や長さが流動的なので、色の比率を厳密に決めることはできません。ですが、メインカラーを図の基本色として、ユーザーの注意を引きたいポイントにアクセントカラーを使うことで、全体としてバランスがとれ、読みやすいサイトに仕上がります。

記事を
検索最適化する

検索最適化とは、ユーザーが入力した検索キーワードに対して適切な検索結果が返るようにするための工夫のことです。検索最適化を行うと、サイト内検索やGoogleなどの外部検索で、ユーザーが探している情報が載っている記事が検索結果の上位に出やすくなります。さらには、検索結果を見たユーザーが、自分が探している情報がどの記事にあるのか判断しやすくなります。

検索はヘルプにおいて重要な情報探索手段の1つです。サイボウズのヘルプでは、約半分のユーザーはGoogleなどの検索サイトからヘルプにアクセスしています。また、サイトを訪れたユーザーのうち約2割はサイト内検索を使って情報を探します（本書執筆時点）。情報量が多いヘルプでは検索最適化は必須と言えるでしょう。

この章では、検索最適化のポイントを解説します。Googleからも『検索エンジン最適化（SEO）スターターガイド』[注1]が公開されているので、併せて参考にしてください。

記事の検索最適化

検索最適化の1つは、記事の書き方にあります。検索最適化と言うと、検索エンジン対策としての機械相手の工夫に聞こえますが、以降に挙げるポイントを見ると、人にとっての読みやすさにもつながることがわかると思います。

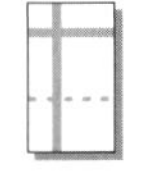

トピックごとに記事を分ける

記事の分け方は、検索での情報の探しやすさに大きく影響します。1つの記事に多くの情報を詰め込みすぎると、ユーザーは長い記事の中から欲しい情報を探し出さなければならなくなり、必要な情報を得るのに時間がかかってしまいます。

注1　https://support.google.com/webmasters/answer/7451184?hl=ja

また、1つの記事の情報量が多くなると、何について書かれた記事なのかを検索エンジンが理解することが難しくなり、正しい検索結果を出せなくなります。過去にサイボウズ Officeのヘルプで起きた事例では、Googleの検索エンジンが本来のものとは別の記事タイトルを検索結果に出すようになり、検索性が大きく低下したことがありました。Googleの検索エンジンには、タイトルが記事の内容を正しく表していないと判断したときに、検索結果に出す記事タイトルを変える機能があり、その機能が逆効果となった事例です。このときは1つの記事に複数のテーマを盛り込んでいたため、テーマごとに記事を分けて改善しました。

「一記事一テーマ」が原則です。また、ヘルプサイトの運用開始後には、ユーザーがどのようなキーワードで検索しているか確認し、その検索キーワードにマッチする情報を記事として切り出していく改善も効果的です。検索ログの確認については第8章で解説します。

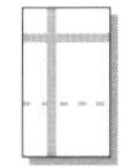

タイトルと見出しに検索キーワードを入れる

検索エンジンの多くは、記事のタイトルと記事内の見出しを重視して記事を評価します。タイトルは記事全体の内容を端的に表し、見出しは記事のアウトラインを表しているからです。

記事を書く際には、ユーザーがその記事をどのような検索キーワードで探すかを考え、あらかじめリストアップしておきましょう。リストアップした検索キーワードを含めることを意識して、記事のタイトルや見出しを決めてください。

ユーザーが実際に使う検索キーワードが想定と違うことはよくあります。ヘルプサイトの運用開始後にも、検索ログを確認しながらタイトルや見出しを見直していくことが大切です。

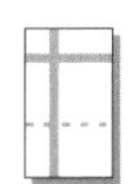

わかりやすいURLを付ける

検索エンジンによる記事の評価には、URLの文字列も含まれます。タイトルだけでなく、記事のフォルダ名やファイル名にも検索キーワードを意識したわかりやすい名前を付けてください。たとえば次のようなURLです。

```
https://example.com/account_settings/change_password.html
```

わかりやすいURLは、検索エンジンによる評価だけでなく、人に対しても有効です。記事に何が書かれているかわかりやすいため、ほかのサイトにURLだけ貼られた場合でも、訪問者はリンク先に何が書かれているか予想できます。Webブラウジングに慣れているユーザーであれば、URLの後ろを削ると1つ上の階層のカテゴリーに移動できることも予想できます。

ヘルプサイトの制作にCMS（Content Management Systemの略で、Webサイトを構成するテキストや画像などのコンテンツを管理し、配信など必要な処理を行うシステム）を使う場合、CMSによっては記事に対して次のような機械的に生成されたIDを割り当てる場合があります。

```
https://example.com/articles/category5/1d15f004o2547/
```

このようなURLは記事に何が書かれているか想像できず、記事に対してリンクしたいユーザーにとってもURLが恒久的なものであるかどうか不安にさせるので、避けることをおすすめします。

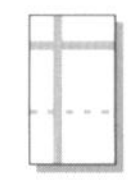

タイトルの重複を避ける

冊子のマニュアル制作に慣れている方にとっては、次のような記事構成は違和感のない構成だと思います。

記事構成の例

- スレッドの設定
  - 〜
  - カテゴリーを管理する
  - 〜
- ファイル管理の設定
  - 〜
  - カテゴリーを管理する
  - 〜

ですが、Webサイトとして作るヘルプの場合、このような記事の構成は適しません。Googleを含む多くの検索エンジンでは、**図7.1**のように、記事の検索結果がカテゴリーと無関係に並列に並びます。そのため、同じタイトルの記事があると、欲しい情報がどちらの記事にあるのかユーザーが判断できなくなります。

図7.1　タイトルが重複した検索結果の例

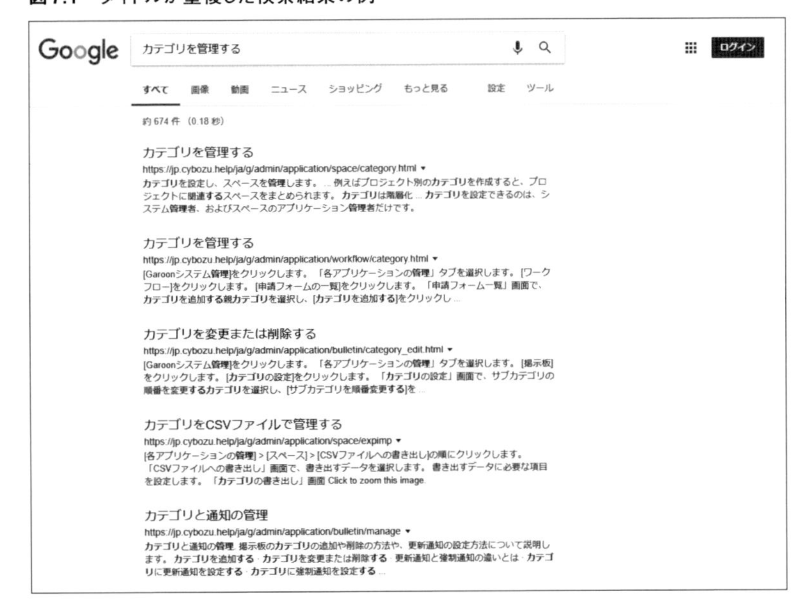

これを回避するには、たとえば、記事構成を次のように改善します。タイトルは長くなりますが、記事に何が書かれているのかタイトルだけで推測できるようになります。

タイトルだけで各記事の内容を推測できる記事構成

- スレッドの設定
  ～
  - スレッドのカテゴリーを管理する
  ～
- ファイル管理の設定
  ～
  - ファイル管理のカテゴリーを管理する
  ～

リンク先の記事の内容がわかるリンク名を付ける

検索エンジンは、記事と記事の間に貼られたリンクから各記事の関連を評価します。記事の内容を検索エンジンに知らせるために、リンク名は重要な役割を果たします。

「詳細はこちら」のような、リンク先に何が書かれているのかわからないリンク名は避けてください。代わりに、次のようにリンク先に書かれた内容を表したリンク名にします。

リンク先の内容がわかるリンク名の例

詳細は通知の設定を参照してください。

HTMLの検索最適化

検索エンジン最適化のためには、人の目にとっての読みやすさだけでなく、機械（検索エンジン）にとっての読みやすさも重要です。機械にとっての読みやすさを「マシンリーダビリティー」と呼びます。

マシンリーダビリティーを確保するには、適切なHTMLタグを使ったマークアップが必要です。ヘルプサイトの管理や更新にCMSを使う場合、記事のHTML化はシステムが自動的に行うことが多いと思いますが、その場合でも、HTMLタグを適切に使ったマークアップをするシステムを選ぶことをおすすめします。

HTMLについての詳細は専門書に譲りますが、ここでは代表的なものを取り上げて説明します。説明はHTML 5.2の仕様をもとにしているので、将来のバージョンアップにより変わる可能性があります。

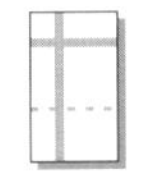

リッチエディターのデメリット

多くのCMSにはリッチエディター（WYSIWYGエディター）があります。リッチエディターとは、文字の装飾、リンクの挿入、画像の挿入などが可能なエディターのことです。リッチエディターを使うと、HTMLやCSSの知識がなくても、多彩な装飾を加えた記事を手軽に作成できます。

しかしながら、リッチエディターにはデメリットもあります。それは、HTMLのマークアップをリッチエディターが自動で行ってくれるので、裏でどのようにマークアップされているかを意識せずに書いてしまうことです。たとえば、よくやってしまいがちなのは、文字を太字にしたり大きくしたりして、見出しに見せてしまうことです。このようにすると、人の目には見出しに見えますが、検索エンジンなどの機械はそれを見出しであると判別できません。それどころか、一部のCMSのリッチエディターでは、太字は`<strong>`タグでマークアップされます。`<strong>`タグは重要度や緊急度の高い情報を表すので、太字にした文字は見出しではなく重要な情報として認識されてしまいます。書き手は見出しのつもりで書いていても、機械からはまったく違う意味に解釈されてしまう場合があるのです。

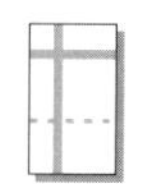

HTMLの役割は情報への意味付け

HTMLの役割は、文書の構造を示すことと、情報に意味付けすることです。見出し、段落、重要な情報、補足的な情報など、各情報の意味をHTMLタグを使って示していきます。

Webサイトを見慣れた人であれば、サイト内の情報の配置や装飾などから、次のような判別はすぐに付くでしょう。

- サイト全体で共通の情報（ロゴ、商標、関連サイト、問い合わせ先など）と、個々の記事の内容を表す情報の判別
- 記事の主旨を表す情報と、それ以外（ナビゲーションのリンク、脚注、用語説明や広告など）の判別
- 見出しと、各見出しに属する文章の判別

しかしながら、これらの判別はすべて視覚に頼ったものです。視覚を持たない機械や、視覚に障害のある方には判別が難しいものです。これらの情報の区分を検索エンジン、Webブラウザーや読み上げソフトなどの機械に正確に伝えるためには、HTMLで正しくマークアップすることが必要になります。

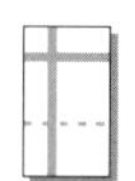

サイト全体の構成を示す

Webサイトの各ページは、一般的に次の要素で構成されます（**図7.2**）。

- ヘッダー
- ナビゲーション
- メインコンテンツ
- フッター

図7.2　Webサイトの一般的な構成

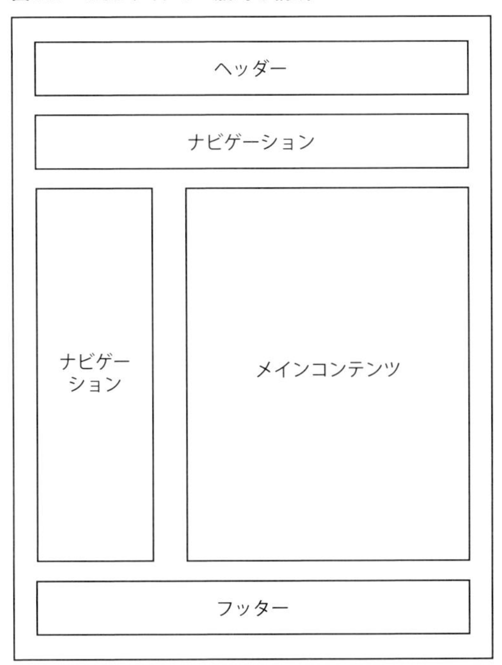

これらの要素の中で、ページの主旨を表すのは「メインコンテンツ」です。ヘルプでは記事にあたります。ヘッダー／ナビゲーション／フッターは、サイト全体で共通になっていることが多く、個々の記事の内容を表した情報ではありません。たとえば、ある記事のナビゲーション部分に「アカウントの設定」という見出しがあっても、「アカウントの設定」というキーワードはその記事の内容を表すものではないでしょう。アカウントの設定を説明した記事へのリンクがそこにあることを示しているだけです。

機械が情報の区別を付けやすいようにするため、どこからどこまでがヘッダーで、どの部分がメインコンテンツなのかなど、各要素の意味をHTMLのマークアップによって示しましょう。それぞれの構成要素について、**図7.3**のようにマークアップします。

図7.3　各要素のマークアップ

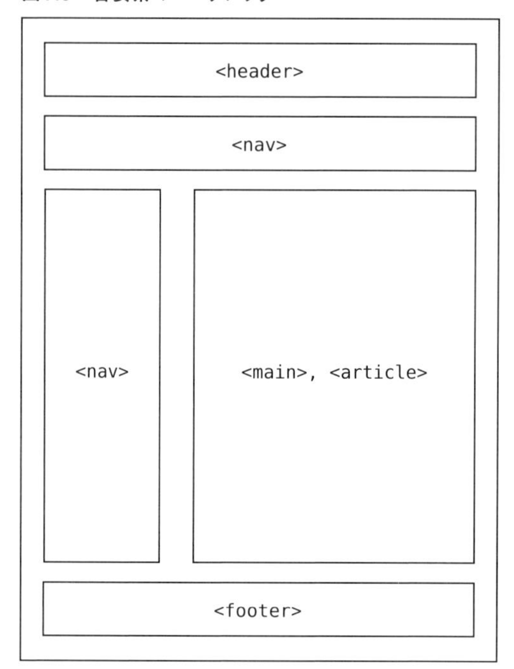

記事のアウトラインを示す

見出しに専用のHTMLタグを使うことで、記事のアウトラインを示せます。記事のアウトラインとはつまり、見出しの階層構造と、それぞれの見出しに属する説明文の範囲のことです。

アウトラインの表現には、`<h1>`から`<h6>`までの見出しタグのレベルで表現する方法と、`<section>`タグを使って表現する方法があります。**図7.4**は、本章のアウトラインの一部を表現したものです。

図7.4　アウトラインを表現する2つの方法

<h1>〜<h6>見出しを利用

```
<h1>記事を検索最適化する</h1>
……
<h2>記事の検索最適化</h2>
……
<h3>トピックごとに記事を分ける</h3>
……
<h3>タイトルと見出しに検索キーワードを入れる</h3>
……
<h2>HTMLの検索最適化</h2>
……
<h3>リッチエディターのデメリット</h3>
……
```

<section>タグを利用

```
<section>
  <h1>記事を検索最適化する</h1>
  ……
  <section>
    <h1>記事の検索最適化</h1>
    ……
    <section>
      <h1>トピックごとに記事を分ける</h1>
      ……
    </section>
    <section>
      <h1>タイトルと見出しに検索キーワードを入れる</h1>
      ……
    </section>
    ……
  </section>
  <section>
    <h1>HTMLの検索最適化</h1>
    ……
    <section>
      <h1>リッチエディターのデメリット</h1>
      ……
    </section>
    ……
  </section>
</section>
```

<section>タグを使うと、それぞれの見出しに属する説明文の範囲をより明確に示せるため、HTMLでは<section>タグを使った方法が推奨されています。ただ、CMSでヘルプサイトを管理する場合、<section>タグを使ったマークアップが可能なシステムは現時点では少ないでしょう。<h1>から<h6>までの見出しレベルでアウトラインを表現する方法をとることが多くなると思います。

多くのCMSでは、記事に見出しを追加するためのツールが用意されています。**図7.5**はMovable Typeのリッチエディターです。「見出し 1」「見出し 2」など、レベルに応じた見出しを追加できます。太字などで見出しを表現するのではなく、見出しとして書式を指定するよう注意してください。

図7.5　Movable Typeのリッチエディター

「HTML5 Outliner」などのチェックツールを使うと、記事のアウトラインが機械にどう認識されるかをチェックできます（**図7.6**）。記事を作り終えたら、アウトラインをチェックすることをおすすめします。

図7.6　HTML5 Outlinerを使ったアウトラインのチェック

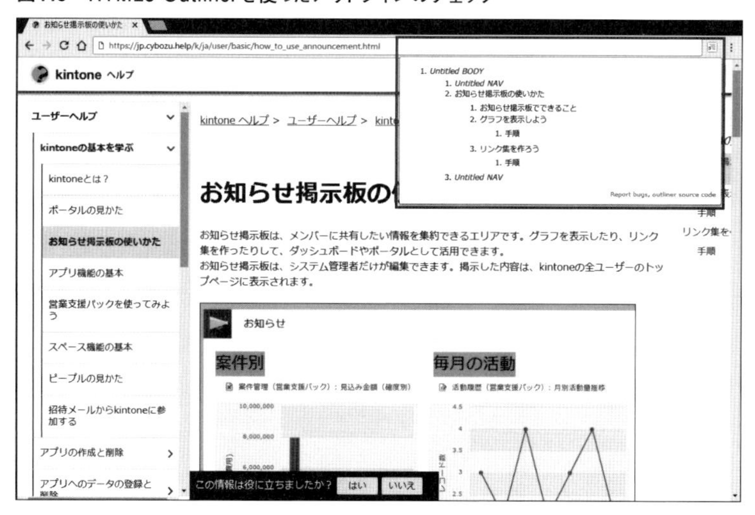

強調を示す

ヘルプサイトでは、強調表示は次のような箇所で使われることが多いでしょう。

- 重要度、深刻度や緊急度が高い情報の記述
- 操作画面上のボタンやリンクを表す記述

強調表示はWebブラウザーの標準のスタイルでは太字になりますが、同じ太字でもこの2つの情報は意味が違います。意味の違いを機械に伝えるため、HTMLタグも使い分ける必要があります。

重要度、深刻度や緊急度が高い情報の記述

重要度、深刻度や緊急度が高い情報には、<strong>タグを使います。注意や警告を示したり、ほかの説明より先に知るべき情報を示したりします。

マークアップの例

```
<strong>
 システムのアップデート中は、電源を切らないようご注意ください。
</strong>
```

操作画面上のボタンやリンクを表す記述

操作画面上のボタンやリンクを表す場合は、<b>タグを使います。<b>タグで囲んだ文字は、太字となって視覚的に強調されますが、意味としての重要性は持ちません。

マークアップの例

```
<b>保存</b>をクリックします。
```

なお、ボタンやリンクは太字ではなく［］（角括弧）で示すこともあります。

> **ボタンを示した例**
>
> ［保存］をクリックします。

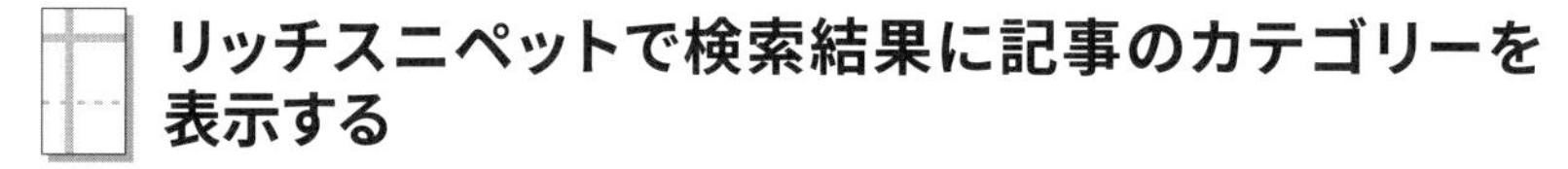

リッチスニペットで検索結果に記事のカテゴリーを表示する

Googleなどの一部の検索エンジンでは、検索結果に表示されるページの抜粋（スニペット）に、画像やレビュー評価など文字以外の情報を表示できます。そのようなスニペットの拡張を、リッチスニペットと呼びます。このリッチスニペットを使用して、各記事が属するカテゴリーを検索結果に表示することが可能です（**図7.7**）。ユーザーは、記事が属するカテゴリーを見て、どの記事を開くか判断できるようになります。

図7.7　パンくずリストが表示されたGoogleの検索結果

カテゴリーを検索結果に表示するためには、Webサイトにパンくずリスト（ブレッドクラム）を付ける必要があります。microdataと呼ばれる書き方に従ってパンくずリストをマークアップすることで、検索エンジンがパンくずリストを認識できるようになります。

microdataの書き方はシンプルです。パンくずリスト内の各リンクに、次の3つのマークアップを入れるだけです。

- リンクを囲む要素の属性として「`itemscope itemtype="http://data-vocabulary.org/Breadcrumb"`」を付ける
- リンクのURLを記述した要素に「`itemprop="url"`」を付ける
- リンクのタイトルを記述した要素に「`itemprop="title"`」を付ける

たとえば、次のようなマークアップになります。CMSのテンプレートに組み込めば低コストで運用できるので、組み込みが可能なCMSを使う場合はぜひ取り入れてみてください。

マークアップの例

```
<ul>
    <li itemscope itemtype="http://data-vocabulary.org/Breadcrumb">
        <a href="/creature" itemprop="url">
            <span itemprop="title">生物</span>
        </a> &gt;
    </li>
    <li itemscope itemtype="http://data-vocabulary.org/Breadcrumb">
        <a href="creature/birds" itemprop="url">
            <span itemprop="title">鳥類</span>
        </a> &gt;
    </li>
    <li itemscope itemtype="http://data-vocabulary.org/Breadcrumb">
        <span itemprop="title">ニワトリ</span>
    </li>
</ul>
```

Webブラウザーでの表示

生物 > 鳥類 > ニワトリ

データから
ヘルプを改善する

ヘルプは作って公開したときがゴールではありません。最初から非の打ち所のないヘルプを作るのは、不可能に近いでしょう。使いやすく役に立つサイトにするためには、公開後の継続的な改善こそが重要です。ユーザーが必要な情報に辿り着けているか、載せる情報に不足はないかなど、問題を見つけて次の改善へとつなげていかなければなりません。

ヘルプの運用にかけられるコスト（予算や人手）は限られています。限られたコストでヘルプを効果的に改善するには、どこに手をつければ最も高い効果が得られるかを確認しながら進めていかなければなりません。そして、ヘルプの改善を進めていく上で強力な判断材料になってくれるのが、ヘルプのアクセスログやアンケートなどのデータです。

データは説得材料にもなります。ヘルプの改善は、担当者だけの判断で進めることはできない場合が多いでしょう。プロダクトの責任者など、ビジネス上の関係者の了承が必要になります。そのようなときにも、データによる裏付けは強力な説得材料になります。

この章では、ヘルプを効果的に改善していくために見ていくべきデータや、分析のノウハウを紹介します。

KPI（改善の効果を測る指標）を決める

コストをかけてヘルプをリニューアルしたけれど効果があったのかどうかいまいちわからない——そんな経験がある方もいるかもしれません。うやむやな運用にせず、成果を定量的に測りながらヘルプを改善していくために重要なのが、KPIを決めることです。

KPIとは

KPIとは、目標の達成度を評価するための指標です。達成したい目標に対してどれだけの進捗が見られたかを定量的に把握できる指標を、KPIとして定めます。そして定めた指標の値を定期的に計測し、改善の効果がどの程度あったか検証しながら、次のアクションへとつなげていきます。

KPIを決めるメリットは、施策の効果を計測できることだけでなく、目標が明確になってチームのメンバーの意思を統一しやすくなることにもあります。活動の成果が目に見えることで、チームが活気づくという効果も得られます。

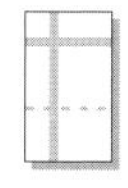

ヘルプのKPI

KPIは、達成したい目標から計測可能な指標に落とし込んで考えます。たとえば、プロダクトを初めて使う初心者に向けた施策を打つ場合、「ヘルプに初めてアクセスしたユーザーのうち、チュートリアルを最後まで読み終える割合」「ヘルプに初めてアクセスしたユーザーのうち、ヘルプ閲覧後のアンケートにポジティブな回答をする割合」などの指標が考えられます。「ヘルプに初めてアクセスしたユーザー」を対象とするのは、それらのユーザーが初心者である可能性が高いからですが、プロダクトとヘルプのアクセスログを連携して、初心者かどうかをより正確に判別できれば望ましいでしょう。

KPIは、長期的な変化を見るための指標と、施策ごとの効果を測るための指標に分けて考えることをおすすめします。長期的な変化を見る指標は、ヘルプの理想の状態を定義して、その状態に近づいているかを確認するためのものです。例として、ヘルプ閲覧後のアンケートにポジティブな回答をするユーザーの割合などが挙げられます。この指標はすべてのユーザーのすべてのアクセスを対象とするので、短期的な変化は少ないでしょう。そこで、施策ごとに対象を絞り込んで効果を計測していきます。先述の例のように、「ヘルプに初めてアクセスしたユーザー」「チュートリアルを読んだユーザー」などに絞り込んで変化を計測する、といった具合です。

ヘルプのKPIにする指標の代表例を挙げます。

アンケートの回答結果

ヘルプにオンラインアンケートを設置して、ヘルプの印象や、情報が役に立ったかどうかなどの評価を確認します。定量的な変化を見るには一定数の回答が必要になるので、アンケートの回答数が多くなるような工夫が求められます。

平均解決時間

ヘルプの閲覧を開始してから、目的の情報を得るまでにかかる平均時間を計測します。記事の書き方やナビゲーションを見直すことで、より短い時間で情報を得られるヘルプを目指します。目的の情報を得られたかどうかの判断には、前述のアンケートへの回答を利用できるでしょう。

検索結果ページでの離脱率

サイト内検索後にどの記事も開かないユーザーがいたら、おそらくそのユーザーは検索結果から目的の情報を見つけられなかったのでしょう。検索結果ページでの離脱率（詳細は後述）が高い場合は、その検索キーワードにもとづいて、ヘルプに不足した情報を確認して補充する対策が求められます。

結果が0件になる検索の割合

サイト内検索で検索キーワードにマッチする記事が0件になる状況も同様に、ヘルプの情報不足が考えられます。検索結果が0件になる検索キーワードは、一般的な検索エンジンの管理画面で確認できます。

アンケートから改善する

KPIの計測に必要となるデータを取得するため、オンラインアンケートの設置やアクセスログの分析を行う際のポイントを見ていきます。まずこの節では、オンラインアンケートによる改善を解説します。ヘルプにオンラインアンケートを付けることで、ヘルプから目的の情報を得られたか、どのような不満があったかなど、アクセスログを補完するデータが得られます。アンケートは、ユーザーの声を直に聞く貴重な機会です。

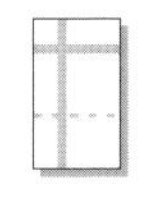

アンケートでフィードバックを取得する

アンケートはヘルプを閲覧した直後に回答してもらうことが望ましいでしょう。ヘルプを使ってからアンケートに回答するまでに間が空くと、ヘルプの改善に必要となる具体的な情報を得にくくなります。この項では、ヘルプに設置するアンケートの質問項目、見せ方やデザインについて取り上げます。

アンケートの質問項目を検討する

アンケートの質問項目数と得られる回答数は、トレードオフの関係にあります。質問項目を増やすと回答に負担がかかるため、回答数は減る傾向にあります。サイボウズのヘルプでは、ヘルプへの意見を任意で自由記入できる欄をアンケートに追加したところ、回答数が7割程度に減りました。とはいえ、質問項目を減らすと、ヘルプの改善に必要な情報を得にくくなります。得られる情報量と回答数のバランスをとるべきでしょう。

アンケートの回答結果をKPI指標としてヘルプの改善に役立てるためには、一定数の回答が必要になります。できるだけ気軽に回答できる質問項目を考えてください。本書執筆時点でのサイボウズのヘルプでは、記事から役立つ情報を得られたかどうかを「はい」か「いいえ」で回答してもらい、「いいえ」と回答されたときだけヘルプへの意見の入力を依頼するというシンプルな質問項目にしています（**図8.1**、**図8.2**）。

図8.1　kintone ヘルプのアンケート

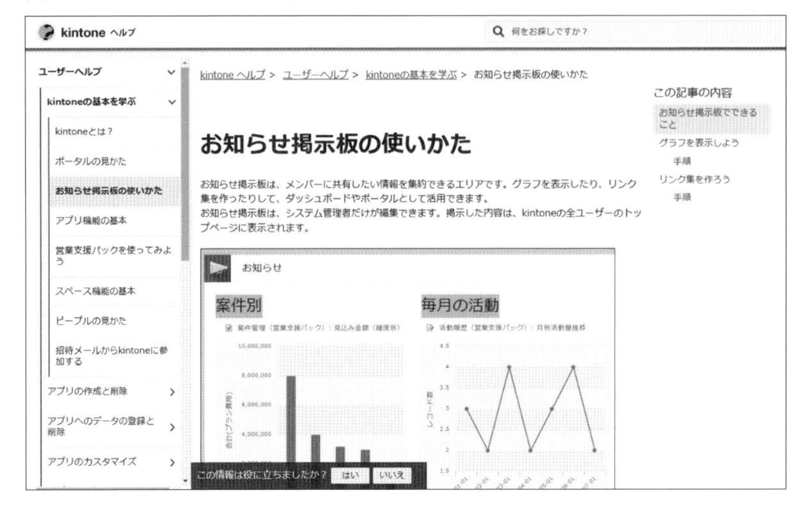

図8.2　ヘルプへの意見の入力

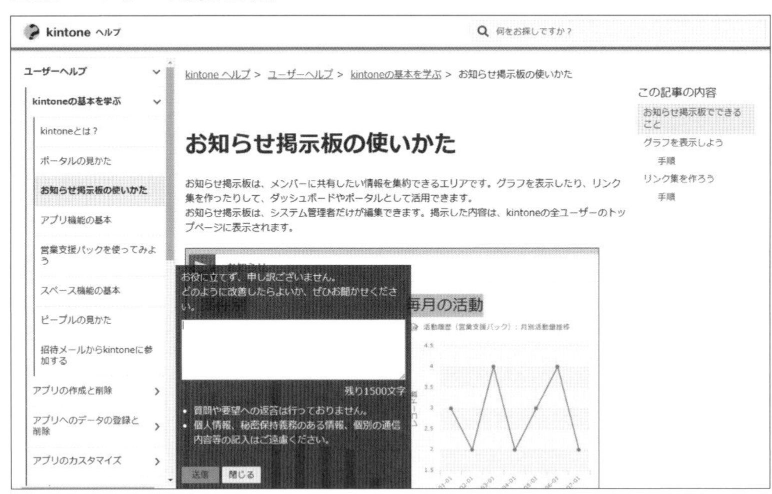

デザインを工夫して回答率を高める

　アンケートの回答数を増やすためには、デザインへの配慮も必要です。記事を読む邪魔になることは避けなければなりませんが、ユーザーの視界に入りやすい表示にする必要があります。回答に必要なクリックやタップの数を減らし、回答の入力の手間を減らす工夫も求められます。

サイボウズのヘルプに設置したアンケートでは、2パターンの表示を試しました。パターン1は、記事の最後部にアンケートを配置したものです。パターン2は画面端にアンケートを固定表示したもので、画面をスクロールしても常にアンケートが表示されます。いずれのパターンでも、ボタン1クリックでの回答が可能です。

これらの2パターンのアンケートを試したところ、パターン2（固定表示）はパターン1（最後部に表示）の10倍の回答数を得る結果になりました。先述のとおり、アンケートが記事を読む邪魔にならないような配慮は必要ですが、アンケートで十分な回答数が得られない場合は、画面に固定表示するデザインを検討するべきでしょう。

ヘルプにアンケートを設置する

選択肢から回答を選ぶだけのアンケートであれば、Google Analyticsを使うだけでヘルプにアンケートを組み込めます。Google Analyticsには、ボタンのクリックなどのユーザーの操作を「イベント」として記録する機能があります。その機能を利用して、アンケートへの回答をイベントとして記録することで、アンケートへの回答をGoogle Analyticsで集計できるようになります。たとえば、次のようなHTMLタグをヘルプの各記事に組み込みます。

Google Analyticsを利用したアンケートのHTMLタグの例

```
<aside id="enquete">
    <div>この情報は役に立ちましたか？</div>
    <button onclick="ga('send', 'event', 'アンケート', 'はい', 'テーマを⏎
変更する');">はい</button>
    <button onclick="ga('send', 'event', 'アンケート', 'いいえ', 'テーマを⏎
変更する');">いいえ</button>
</aside>
```

ここで利用している「ga」は、ボタンのクリックをGoogle Analyticsに記録するためのJavaScriptコードです。次のフォーマットで指定します。

```
ga('send', 'event', 'カテゴリー', 'アクション', 'ラベル', 値);
```

「カテゴリー」、「アクション」、「ラベル」、および「値」には、任意の値を指定できます。それぞれの項目の意味は、**表8.1**のとおりです。

表8.1　イベントトラッキングのフォーマット

項目	説明
カテゴリー	イベントのカテゴリー名を指定します。記録するイベントの種類が多くなった場合にわかりやすい名前を付けます。前述の例では、「アンケート」と指定しています。
アクション	記録したいユーザーの操作を指定します。前述の例では、回答値（はい／いいえ）を指定しています。
ラベル	集計に必要な付加情報を指定します。前述の例では、回答した記事のタイトルを指定しています。
値	イベントの価値（1クリック1万円など）を設定する場合に指定します。前述の例では、この項目は使用していません。

Google Analyticsの場合、アンケートに自由記入が可能な質問項目を組み込むことはできません。サイボウズでは、自社のWebサービス「kintone」で記録する仕組みにしています（**図8.3**）。kintoneで各記事の評価を毎月集計し、制作チーム内で共有しています。ヘルプへの意見が書かれた回答があると制作チームに通知され、制作チーム内で議論されます（**図8.4**）。

図8.3　kintoneに記録されたアンケート

図8.4　アンケートで寄せられた意見をもとにチームで議論する

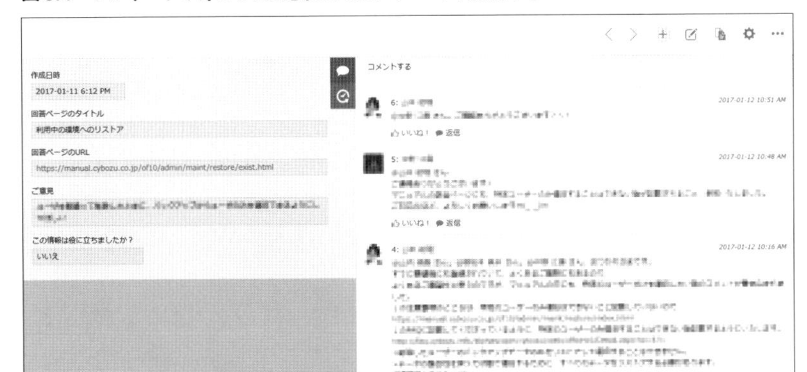

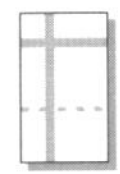

アンケート結果を集計する

アンケートの結果は、定期的に制作チームや関係者に共有しましょう。月に1回程度の頻度が適切でしょう。ネガティブなフィードバックが多い記事は、優先して改善していく必要があります。

Google Analyticsでアンケートを記録する場合、Google Analytics自体でもアンケートの結果を集計できますが、Googleデータポータルを使うと、より簡単にわかりやすいレポートを作成できます。Googleデータポータルを使ったアンケートの集計方法については後述します。

アクセスログから改善する

ヘルプサイトにGoogle Analyticsを組み込むと、ユーザーの行動を手軽に分析できます。ここでは、Google Analyticsを使ったアクセスログの集計方法について解説します。さらに、Googleデータポータルを使って、時間をかけずに素早くわかりやすいレポートを作るためのノウハウを紹介します。

なお、本書ではGoogle AnalyticsとGoogleデータポータルの導入方法や詳細については省きます。詳しくはWebや専門書を参照してください。

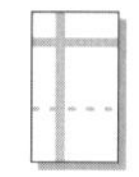

アクセスログを集計する

はじめに、ヘルプのアクセスログ分析で見ておくべき次の指標をGoogle Analyticsで確認する方法を解説します。

- アクセスが多いページ
- 直帰率
- 離脱率
- 検索頻度が高いキーワード
- 検索結果ページでの離脱が多いキーワード

アクセスが多いページを確認する

限られたコストでヘルプを効果的に改善していくためには、アクセスが多いページを優先して改善していく必要があります。アクセスが多いページは、Google Analyticsの集計画面で［行動］→［サイトコンテンツ］→［すべてのページ］の順に選択して確認します（**図8.5**）。「ページビュー数」の項目の数値がアクセス数を表します。

図8.5　アクセスが多いページの確認

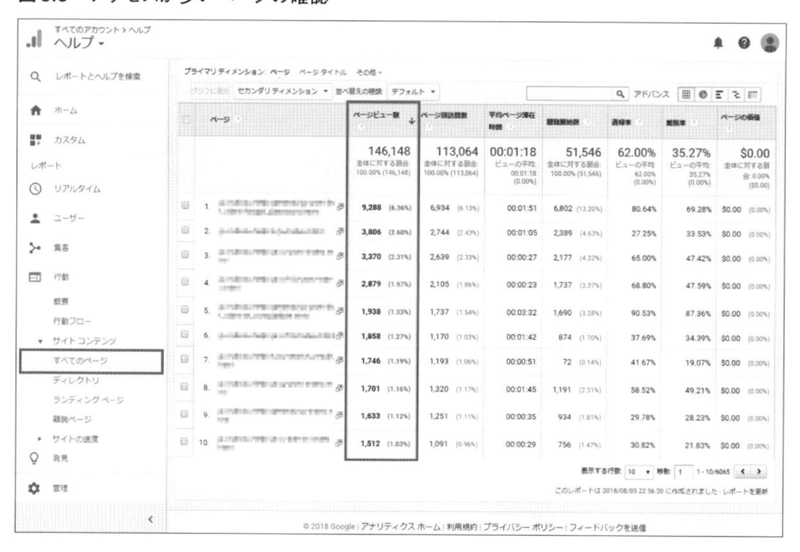

アクセスが多いページには多くのユーザーが探している情報が載っています。それらのページへのリンクを、ヘルプのトップページなどの目に入りやすい場所に表示しておくとよいでしょう。

また、アクセスが多いページで説明している操作は、多くのユーザーが迷いやすい操作と言えます。これはプロダクトの改善点になるので、ぜひプロダクトの開発チームにもフィードバックしてください。

直帰率と離脱率を確認する

「直帰」とは、ヘルプで1ページだけ閲覧して、ほかのどのページにも移動しない行動のことです。1ページだけ閲覧してサイトから離脱すると、直帰したとみなされます。「直帰率」とは、ヘルプへのすべての訪問の中で直帰が占める割合のことです。「離脱」とは、いくつかのページを閲覧したあとにヘルプを閉じて閲覧をやめる行動のことです。直帰との違いは、閲覧したページの数は問わないことです。「離脱率」とは、各ページへの訪問数のうち、そのページで離脱した回数が占める割合のことです。

ニュースサイトやブログのようにアクセス数を増やすことを目指すサイトでは、直帰率や離脱率の高さは問題になります。ですが、ヘルプでは直帰や離脱は必ずしも悪いことではありません。たとえば、検索サイトで検索した結果からヘルプの記事を開いて、探していた情報をその記事で得てヘルプを閉じたとしたら、その行動はむしろ望ましいものでしょう。改善する必要はありません。

しかしながら、トップページやカテゴリーページなど、入り口や中継地の役割を持つページで直帰率や離脱率が高いのは問題です。情報を探すことを諦めたか、目的の情報がないと判断した可能性が高いでしょう。この場合は改善が必要です。

直帰率や離脱率を確認する際には、パーセンテージだけでなく母数（アクセス数）も確認しておきましょう。たとえば、直帰率が同じ50%でも、3,000件のアクセスのうちの1,500件の直帰と、2件のアクセスのうちの1件の直帰では事情が異なります。単純に直帰率や離脱率が高いページだけを洗い出すと、アクセス数が少ないページばかりになりがちです。先述のとおり、アクセスが多いページを優先して改善する必要があります。

直帰率と離脱率も、アクセスが多いページと同じ画面で確認できます（**図8.6**）。

図8.6　直帰率と離脱率の確認

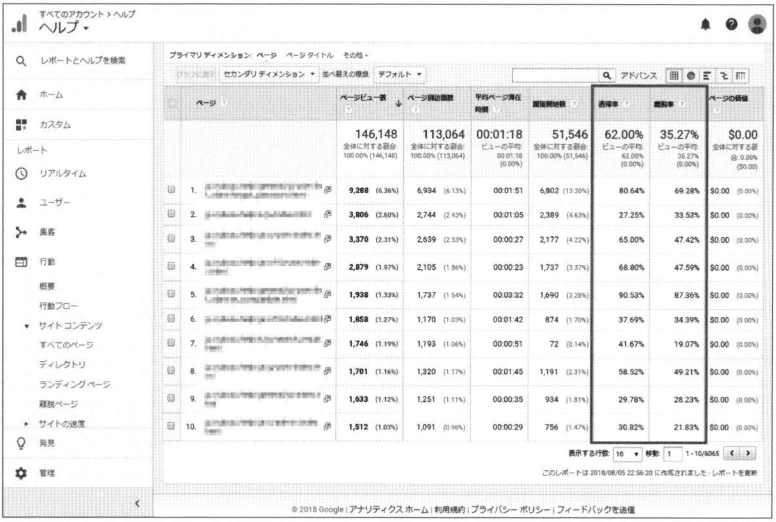

検索頻度が高いキーワードを確認する

検索キーワードは、ユーザーのニーズを言葉で把握できる貴重なデータです。アクセス数やアンケート結果からわかるのは今ある記事への評価だけですが、検索キーワードからはヘルプに不足した情報も知ることができます。

Googleの検索サイトからのアクセスで使われた検索キーワードについては、Google Analyticsの集計画面で［集客］→［Search Console］→［検索クエリ］の順に選択すると確認できます（**図8.7**）。なお、この操作をするには、Google AnalyticsとGoogle Search Consoleの連携を設定している必要があります。

図8.7　Googleの検索サイトで使われたキーワードの確認

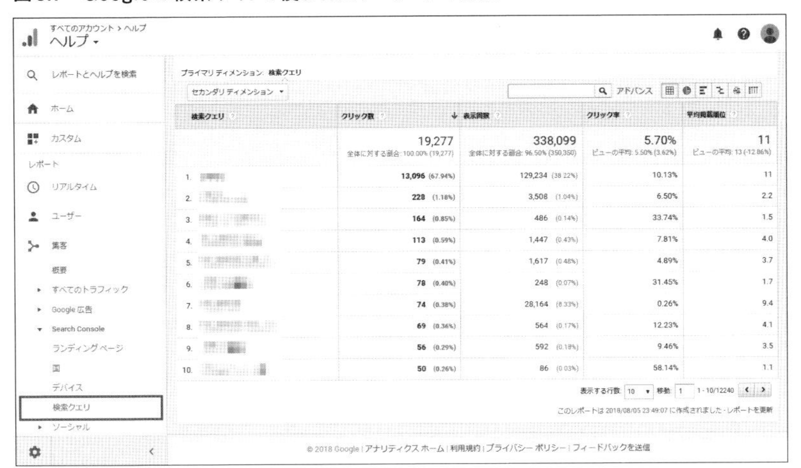

検索クエリ	クリック数	表示回数	クリック率	平均掲載順位
	19,277 全体に対する割合: 100.00% (19,277)	338,099 全体に対する割合: 96.50% (350,350)	5.70% ビューの平均: 5.50% (3.62%)	11 ビューの平均: 13 (-12.86%)
1.	13,096 (67.94%)	129,234 (38.22%)	10.13%	11
2.	228 (1.18%)	3,508 (1.04%)	6.50%	2.2
3.	164 (0.85%)	486 (0.14%)	33.74%	1.5
4.	113 (0.59%)	1,447 (0.43%)	7.81%	4.0
5.	79 (0.41%)	1,617 (0.48%)	4.89%	3.7
6.	78 (0.40%)	248 (0.07%)	31.45%	1.7
7.	74 (0.38%)	28,164 (8.33%)	0.26%	9.4
8.	69 (0.36%)	564 (0.17%)	12.23%	4.1
9.	56 (0.29%)	592 (0.18%)	9.46%	3.5
10.	50 (0.26%)	86 (0.03%)	58.14%	1.1

サイト内検索のキーワードは、Google Analyticsの集計画面で［行動］→［サイト内検索］→［サイト内検索キーワード］の順に選択して確認します（**図8.8**）。

図8.8　サイト内検索のキーワードの確認

すべてのアカウント > ヘルプ
ヘルプ
レポートとヘルプを検索
レポート
リアルタイム
ユーザー
集客
行動
概要
行動フロー
サイト コンテンツ
サイトの速度
サイト内検索
概要
利用状況
サイト内検索キーワード
検索ページ
発見
管理
プライマリ ディメンション: 検索キーワード　サイト内検索のカテゴリ
セカンダリ ディメンション　並べ替えの種類: デフォルト
アドバンス

検索キーワード	検索回数の合計	結果のページビュー数/検索	検索による離脱数の割合	再検索数の割合	検索後の時間	平均検索深度
	4,815 全体に対する割合: 100.00% (4,815)	1.07 ビューの平均: 1.07 (0.00%)	19.46% ビューの平均: 19.46% (0.00%)	23.39% ビューの平均: 23.39% (0.00%)	00:03:54 ビューの平均: 00:03:54 (0.00%)	3.20 ビューの平均: 3.20 (0.00%)
1.	66 (1.37%)	1.03	16.67%	16.18%	00:03:48	2.97
2.	48 (1.00%)	1.06	16.67%	3.92%	00:02:29	2.58
3.	32 (0.66%)	1.03	15.62%	21.21%	00:03:31	4.16
4.	28 (0.58%)	1.04	7.14%	6.90%	00:03:12	5.57
5.	27 (0.56%)	1.11	14.81%	33.33%	00:08:31	6.44
6.	26 (0.54%)	1.04	34.62%	33.33%	00:04:00	3.50
7.	26 (0.54%)	1.12	34.62%	10.34%	00:06:51	2.62
8.	26 (0.54%)	1.08	38.46%	3.57%	00:02:47	1.31
9.	26 (0.54%)	1.19	23.08%	22.58%	00:02:52	2.54
10.	25 (0.52%)	1.04	24.00%	7.69%	00:02:42	1.92

表示する行数 10 移動 1 1 - 10/2790
このレポートは 2018/08/06 0:06:01 に作成されました - レポートを更新
© 2018 Google | アナリティクス ホーム | 利用規約 | プライバシー ポリシー | フィードバックを送信

検索結果ページでの離脱が多いキーワードを確認する

検索結果ページでの離脱が多いキーワードも、検索頻度が高いキーワードと同じ集計画面で確認できます。「検索による離脱数の割合」の項目を確認します（**図8.9**）。

図8.9　検索結果ページでの離脱が多いキーワードの確認

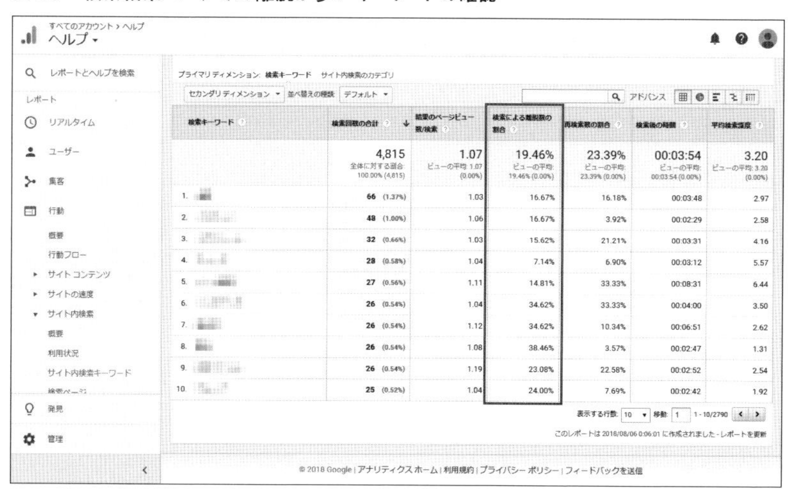

先述のとおり、サイト内検索後にどの記事も開かないユーザーがいたら、そのユーザーは検索結果から目的の情報を見つけられなかった可能性が高いと考えられます。普段の自分の行動を振り返っても、知りたい情報がありそうなページが検索結果ページに出なければ、検索キーワードを変更して再検索するか、それでも欲しい情報がなければ諦めてページを閉じる、という行動には心当たりがあるのではないでしょうか。検索結果ページでの離脱率が高い場合は、その検索キーワードにもとづいて、ヘルプに不足した情報を確認して補充する対策が必要になります。

わかりやすい集計レポートを自動的に作成する

ここからは、各指標を自動的に集計してレポート化するための設定を紹介します。

アクセスログの集計は、それ自体が価値を生むものではありません。重要なのは、集計結果を利用した分析や改善です。そのため、集計にはできるだけ時間をかけず、自動化できるものは自動化していくことが大切です。Googleデータポータルを使うと、各指標を自動的に集計して、視覚的にわかりやすいレポートを生成できます。

Googleデータポータルの用語

Googleデータポータルでレポートを作成する際に知っておく必要がある用語を解説します。

- **メニューボタン**

  Googleデータポータルの画面上部には、期間、表や折れ線グラフなどの「メニューボタン」が集約されています（**図8.10**）。このメニューボタンを起点に、見せたい指標をレポートに配置していきます。

図8.10　Googleデータポータルのメニューボタン

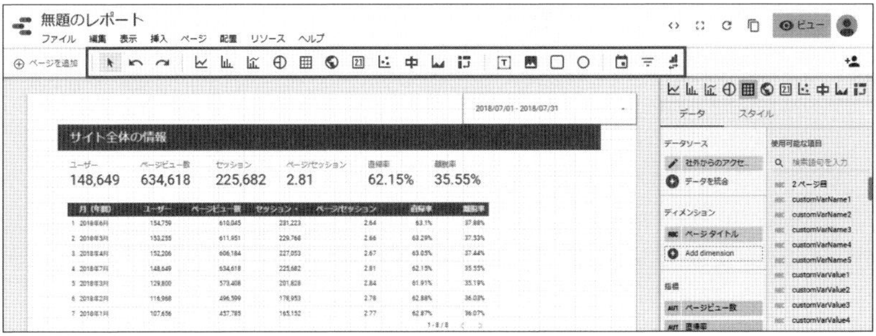

- **ディメンション**

  「ディメンション」とは、集計の切り口のことです。表やグラフを挿入する際に、どのような切り口でデータを集計するかを設定します。ページ単位でデータを集計する場合は、「ページ」や「ページタイトル」をディメンションに設定します。月ごとにデータを集計する場合は、ディメンションに「月（年間）」を設定します。モバイルやデスクトップといったデバイスの種類で分けてデータを集計する場合は、ディメンションに「デバイスカテゴリ」を設定します。

- **フィルタ**

  「フィルタ」とは、集計するデータの絞り込みのことです。たとえば、モバイルからのアクセスだけ集計したい場合や、特定のページへのアクセスだけ集計したい場合などに、フィルタを設定します。

期間を設定する

それでは、Googleデータポータルでレポートを作成するための設定を見ていきましょう。最初に設定するのは、データの集計期間の初期値です。指標ごとに集計期間を指定することもできますが、あらかじめ初期値を設定しておけば個別に期間を設定する必要がなくなります。

期間を設定するには、メニューボタンの［期間］をクリックして、レポートに配置します（**図8.11**）。その後、「期間のプロパティ」で、期間を選択します。月単位でデータを集計する場合は、期間を「先月」に設定するとよいでしょう（**図8.12**）。

図8.11　レポートに期間を配置する

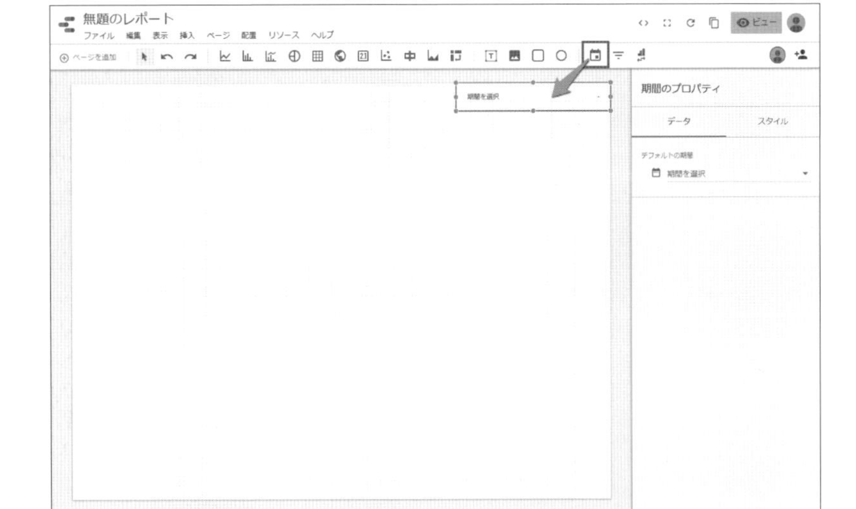

図8.12　期間を「先月」に設定する

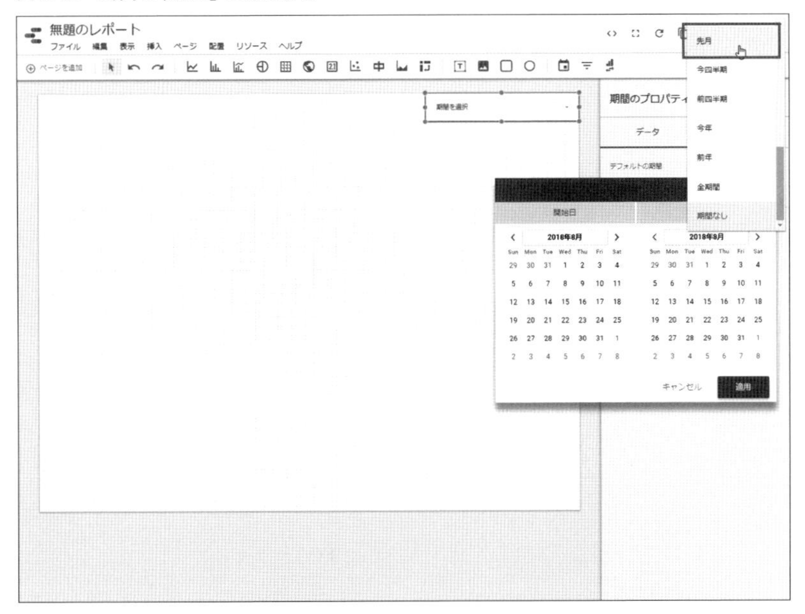

ヘルプ全体の情報を表示する

レポートのトップには、ヘルプ全体の情報を配置しましょう。各指標の集計値を表示する場合は、メニューボタンから［スコアカード］を選択してレポートに配置します。その後、表示する指標を選択します（**図8.13**）。

図8.13　レポートにスコアカードを配置する

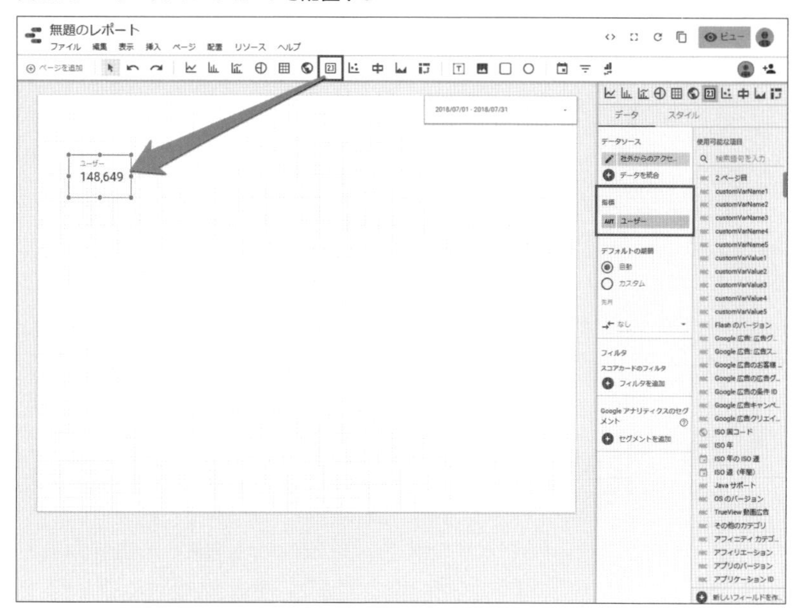

同様の操作で、レポートに次の指標を配置しましょう（**図8.14**）。

- ユーザー（ヘルプにアクセスしたユーザーの数）
- ページビュー数（全ページの閲覧数の合計）
- セッション（ユーザーの訪問数）
- ページ/セッション（一度の訪問で閲覧されたページ数の平均）
- 直帰率
- 離脱率

図8.14　ヘルプ全体の情報を配置したレポート

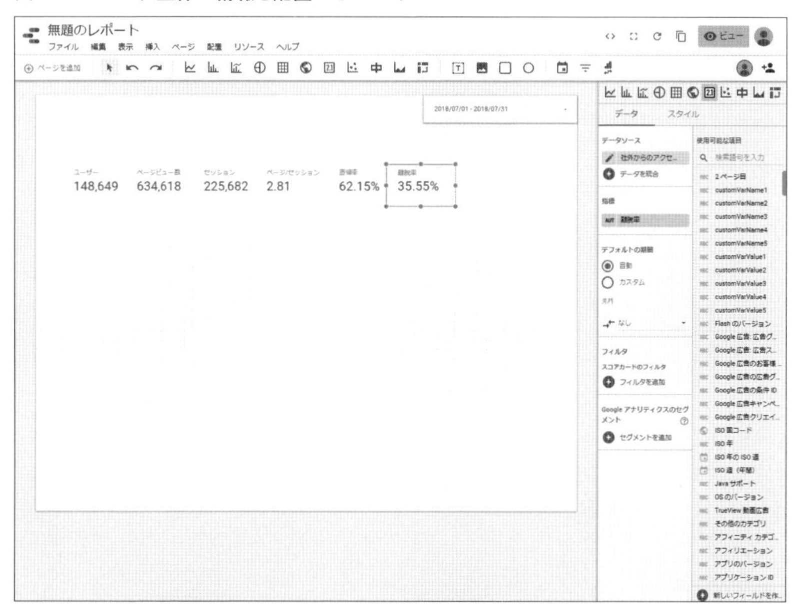

わかりやすい見出しを付ける

　表示している情報がわかりやすいよう、さきほど配置したヘルプ全体の情報に見出しを付けましょう。見出しを付けるには、「長方形」と「テキスト」を組み合わせてレポートに配置します（**図8.15**）。

図8.15　わかりやすい見出しを付けたレポート

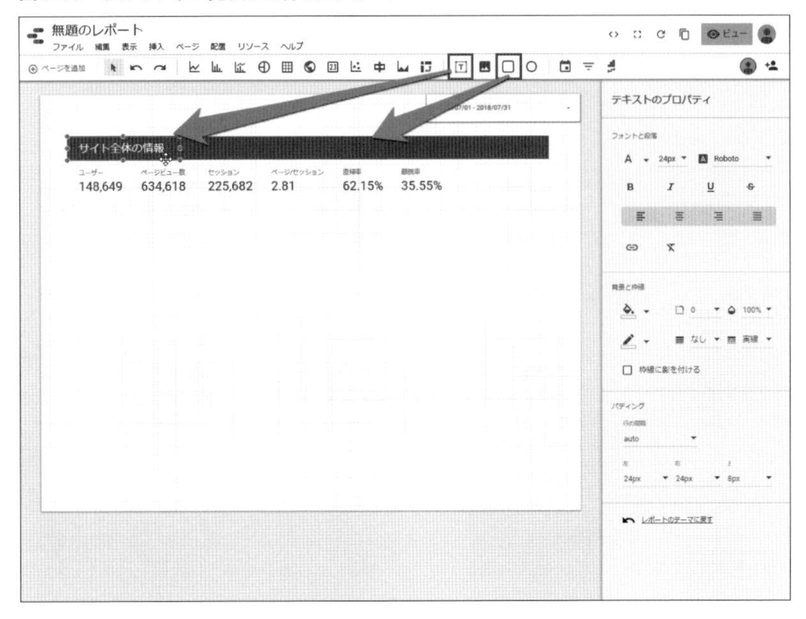

月ごとの集計値の変化を表示する

次に、ヘルプ全体の情報について、月ごとの変化を確認できるようにしましょう。ここでは、メニューボタンの［表］を使います。データを月ごとに集計するので、ディメンションには「月（年間）」を設定します。さらに、集計する「指標」に次の指標を設定しましょう。

- ユーザー
- ページビュー数
- セッション
- ページ/セッション
- 直帰率
- 離脱率

そして、集計期間の設定のため、「デフォルトの期間」で「カスタム」を選択して「今年」を設定します（**図8.16**）。

図8.16　月ごとの集計値の変化を配置したレポート

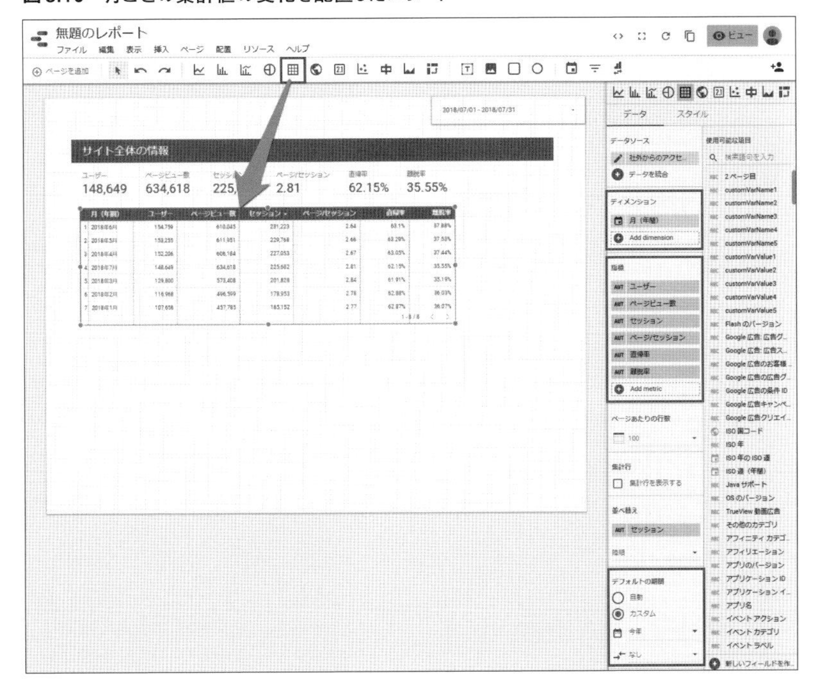

アクセス数が多いページを表示する

アクセス数（ページビュー数）が多いページも確認できるようにしましょう。さらに、アクセス数が多い重要なページについて、次の指標も確認できるようにしておきましょう。

- 直帰率
- 離脱率
- 平均ページ滞在時間
- 閲覧開始数（そのページで閲覧を開始した訪問の数）

表形式でランキングを表示するために、ここでもメニューボタンの［表］を使います。ページごとに集計したいので、ディメンションには「ページタイトル」を設定します（**図8.17**）。並びは「ページビュー数」の降順にしましょう。**図8.17**では、レポートを見やすくするための見出しも追加しています。

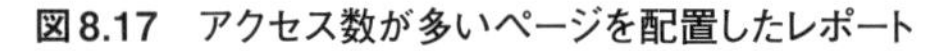

図8.17　アクセス数が多いページを配置したレポート

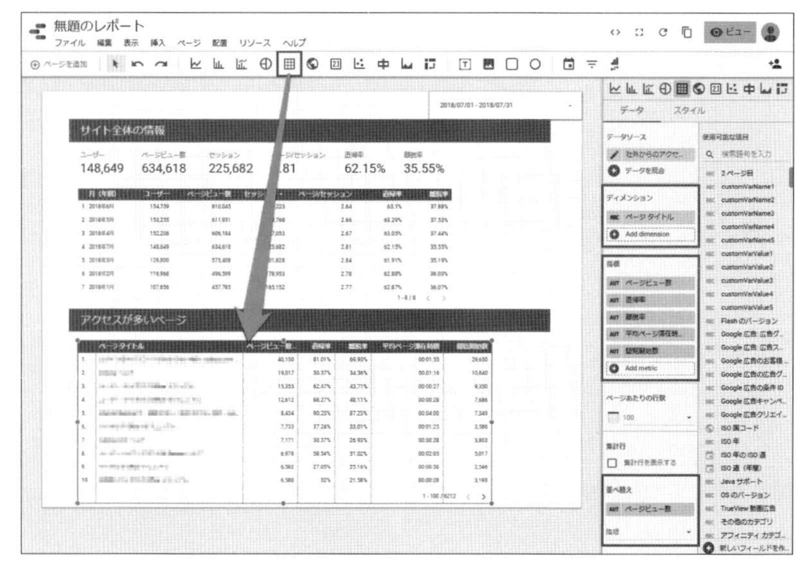

レポートのサイズを調整する

ここまできたら、レポートのサイズが足りなくなってきているかと思います。レポートを縦に伸ばしましょう。レポートのサイズを変えるには、「レイアウトとテーマ」パネルで「キャンバスサイズ」を変更します（**図8.18**）。

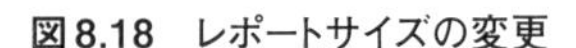

図8.18 レポートサイズの変更

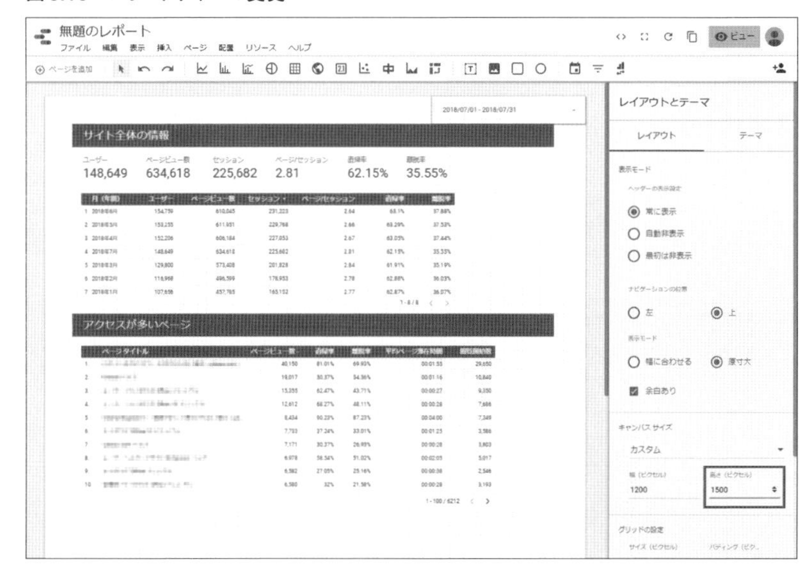

検索頻度の高いキーワードを表示する

続けて、検索頻度の高いキーワードのランキングをレポートに配置しましょう。メニューボタンの［表］を使用してレポートに表を配置します。

検索キーワードごとに検索回数を集計したいので、ディメンションには「検索キーワード」を、指標には「検索回数の合計」を設定します。並びは「検索回数の合計」の降順にしましょう（**図8.19**）。

図8.19　検索頻度の高いキーワードを配置したレポート

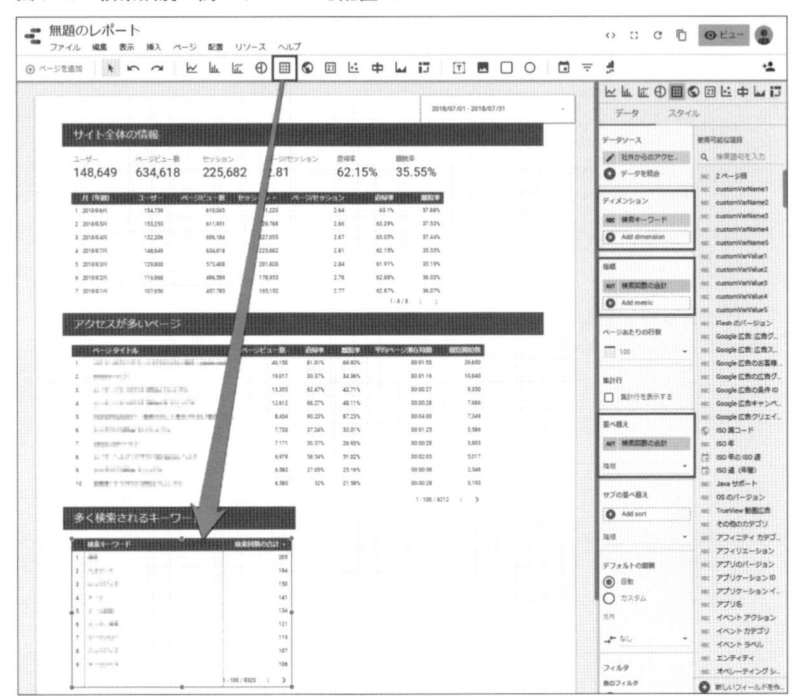

検索結果ページでの離脱が多いキーワードを表示する

検索結果ページでの離脱が多いキーワードも追加しましょう。メニューボタンの[表]で、レポートに表を配置します。

検索キーワードごとに離脱した回数を集計したいので、ディメンションには「検索キーワード」を、指標には「検索結果の離脱」を設定します。これにより、検索結果ページで離脱した回数を集計できます。並びは「検索結果の離脱」の降順にしましょう（**図8.20**）。

図8.20　検索結果ページでの離脱が多いキーワードを配置したレポート

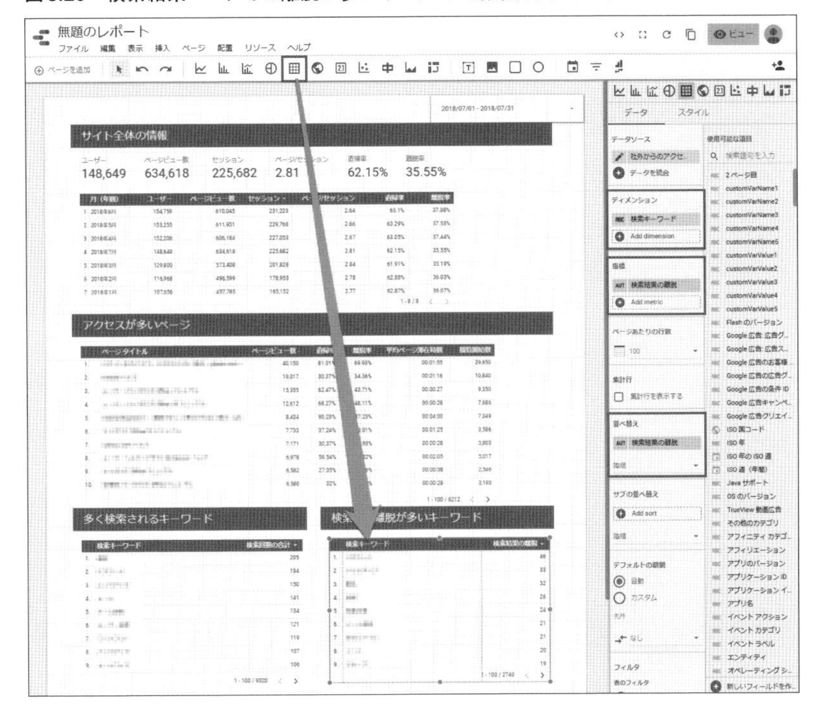

アンケートの結果を表示する

Google Analyticsを使ってヘルプにアンケートを組み込んでいる場合、アンケートの結果を集計してレポートに配置できます。ここでは、先述の「ヘルプにアンケートを設置する」の項で紹介したJavaScriptコードを使ってヘルプにアンケートを組み込んだ場合について、結果の集計方法を解説します。

まずは、メニューボタンの［表］でレポートに表を配置します。ページごとにアンケートの結果を集計するので、ディメンションには「ページタイトル」を設定します。

アンケートへの回答は、Google Analyticsでは「イベント」として記録されているので、指標には「合計イベント数」を設定します。並びも同様に、「合計イベント数」の降順にします（**図8.21**）。

図8.21　合計イベント数を配置したレポート

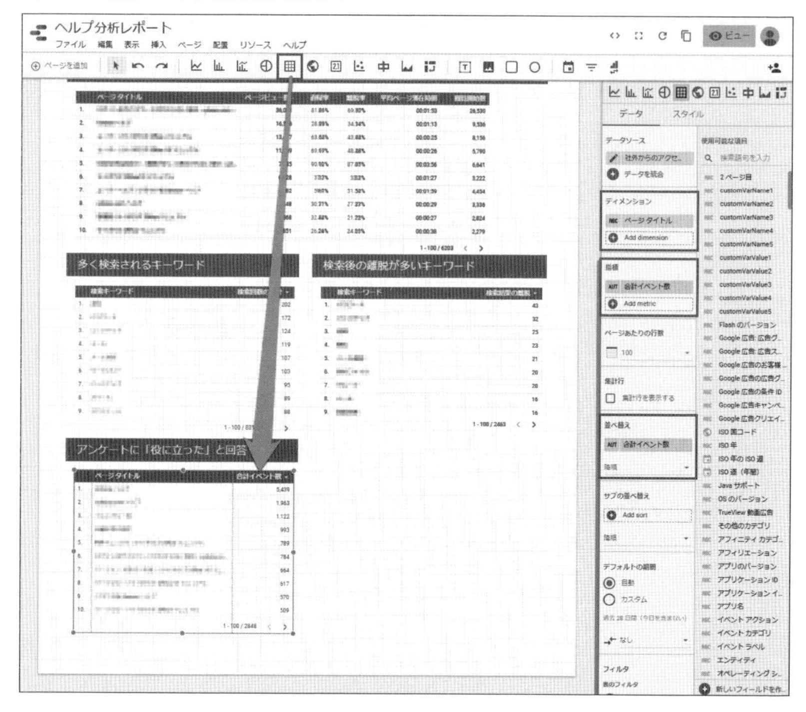

しかしながら、Google Analyticsでは、アンケートに「はい」と答えた場合と「いいえ」と答えた場合の両方がイベントとして記録されています。そのため、このままでは「はい」と「いいえ」の回答数の合計が集計されてしまいます。

「はい」と回答した数だけを集計するには、フィルタを設定します（**図8.22**）。フィルタでは、**図8.23**のようにイベントアクションが「はい」と等しいことを条件に指定します。「いいえ」の回答を集計する場合も同様で、イベントアクションが「いいえ」と等しいことを条件に指定します。

図8.22　フィルタの設定

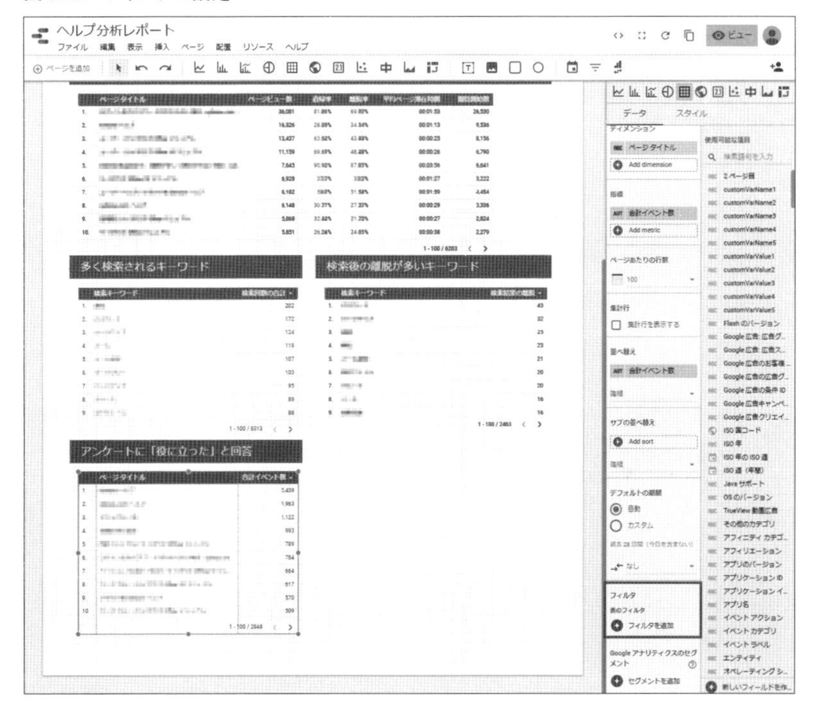

図8.23　フィルタに指定する条件

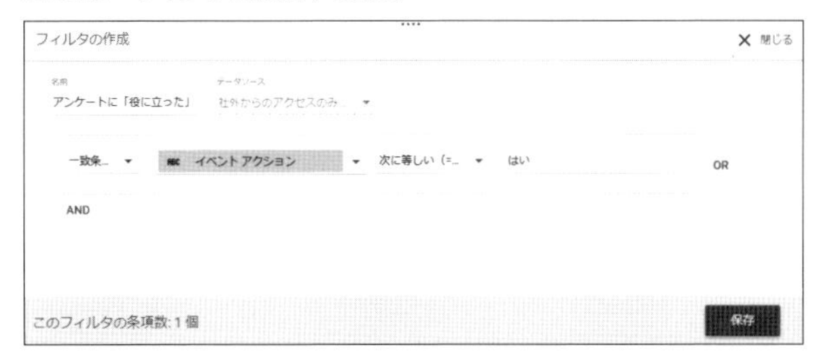

「はい」の回答の集計と「いいえ」の回答の集計の両方をレポートに配置できたら、レポートは完成です（**図8.24**）。

図8.24　完成したレポート

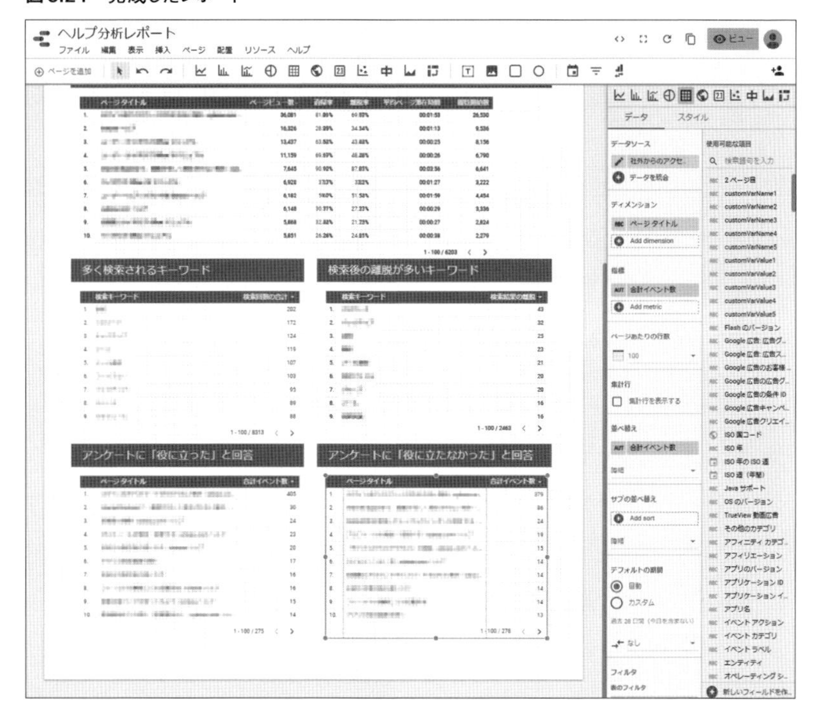

レポートの表示を確認する

最後に、レポートのタイトルを入力して、[ビュー]をクリックしましょう（**図8.25**）。作成したレポートの表示を確認できます（**図8.26**）。

図8.25　作成したレポートの表示確認

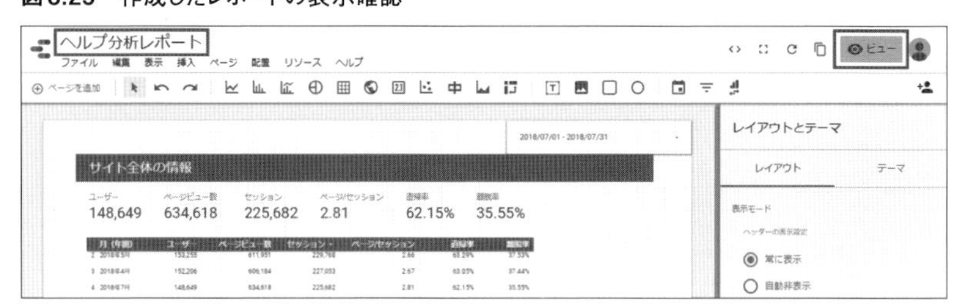

図 8.26　完成したレポート

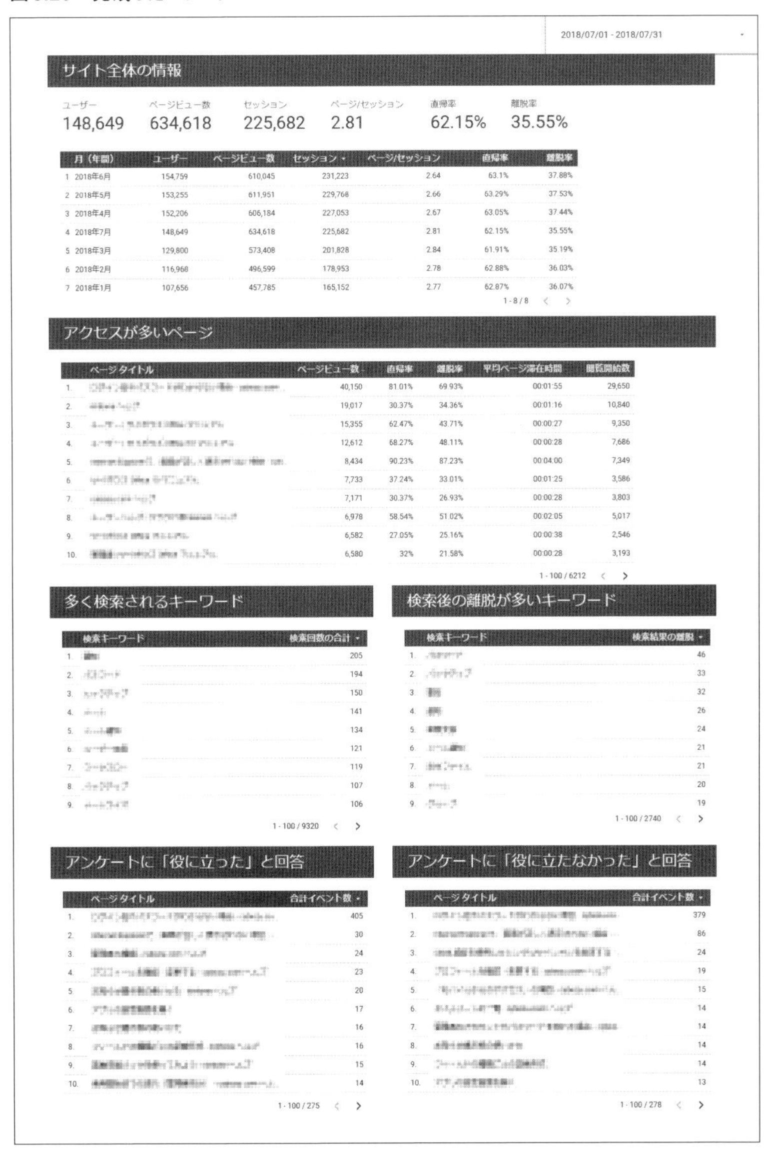

2018/07/01 - 2018/07/31

サイト全体の情報

ユーザー	ページビュー数	セッション	ページ/セッション	直帰率	離脱率
148,649	634,618	225,682	2.81	62.15%	35.55%

	月（年間）	ユーザー	ページビュー数	セッション ▾	ページ/セッション	直帰率	離脱率
1	2018年6月	154,759	610,045	231,223	2.64	63.1%	37.88%
2	2018年5月	153,255	611,951	229,768	2.66	63.29%	37.53%
3	2018年4月	152,206	606,184	227,053	2.67	63.05%	37.44%
4	2018年7月	148,649	634,618	225,682	2.81	62.15%	35.55%
5	2018年3月	129,800	573,408	201,828	2.84	61.91%	35.19%
6	2018年2月	116,968	496,599	178,953	2.78	62.88%	36.03%
7	2018年1月	107,656	457,785	165,152	2.77	62.87%	36.07%

1 - 8 / 8

アクセスが多いページ

	ページタイトル	ページビュー数	直帰率	離脱率	平均ページ滞在時間	閲覧開始数
1.	[illegible]	40,150	81.01%	69.93%	00:01:55	29,650
2.	[illegible]	19,017	30.37%	34.36%	00:01:16	10,840
3.	[illegible]	15,355	62.47%	43.71%	00:00:27	9,350
4.	[illegible]	12,612	68.27%	48.11%	00:00:28	7,686
5.	[illegible]	8,434	90.23%	87.23%	00:04:00	7,349
6.	[illegible]	7,733	37.24%	33.01%	00:01:25	3,586
7.	[illegible]	7,171	30.37%	26.93%	00:00:28	3,803
8.	[illegible]	6,978	58.54%	51.02%	00:02:05	5,017
9.	[illegible]	6,582	27.05%	25.16%	00:00:38	2,546
10.	[illegible]	6,580	32%	21.58%	00:00:28	3,193

1 - 100 / 6212

多く検索されるキーワード

	検索キーワード	検索回数の合計 ▾
1.	[illegible]	205
2.	[illegible]	194
3.	[illegible]	150
4.	[illegible]	141
5.	[illegible]	134
6.	[illegible]	121
7.	[illegible]	119
8.	[illegible]	107
9.	[illegible]	106

1 - 100 / 9320

検索後の離脱が多いキーワード

	検索キーワード	検索結果の離脱 ▾
1.	[illegible]	46
2.	[illegible]	33
3.	[illegible]	32
4.	[illegible]	26
5.	[illegible]	24
6.	[illegible]	21
7.	[illegible]	21
8.	[illegible]	20
9.	[illegible]	19

1 - 100 / 2740

アンケートに「役に立った」と回答

	ページタイトル	合計イベント数 ▾
1.	[illegible]	405
2.	[illegible]	30
3.	[illegible]	24
4.	[illegible]	23
5.	[illegible]	20
6.	[illegible]	17
7.	[illegible]	16
8.	[illegible]	16
9.	[illegible]	15
10.	[illegible]	14

1 - 100 / 275

アンケートに「役に立たなかった」と回答

	ページタイトル	合計イベント数 ▾
1.	[illegible]	379
2.	[illegible]	86
3.	[illegible]	24
4.	[illegible]	19
5.	[illegible]	15
6.	[illegible]	14
7.	[illegible]	14
8.	[illegible]	14
9.	[illegible]	14
10.	[illegible]	13

1 - 100 / 278

レポートを共有する

作成したレポートは、ほかのメンバーに共有できます。レポートのURLを共有する場合は、Googleデータポータルのホーム画面からURLを取得します（**図8.27**）。

図8.27　共有用URLの取得

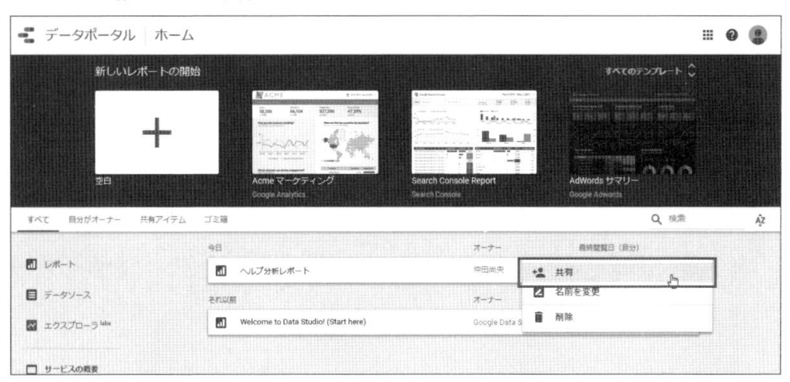

これで、Googleデータポータルを使ったレポート作成の解説は終了です。一度設定してしまえば、今回作成したレポートを開くだけで月ごとの集計結果を確認できるようになります。各指標の値を定期的に計測して、改善の効果を確認しながら次のアクションへとつなげていきましょう。レポートを通じて改善の成果が目に見える形になることで、チームもぐっと活気づくはずです。

なお、わかりやすさのために、今回作成したレポートでは基本的な指標の集計だけに留めています。使い方に慣れれば、ほかにもさまざまな指標を簡単に集計できるので、ぜひ使いこなしてさらなるデータ分析を進めてください。

ユーザーテストでヘルプを改善する

この章では、ヘルプを改善するためのユーザーテストを取り上げます。前章ではアンケートとアクセスログを使った改善について解説しました。ですが、アクセスログだけではわからないこともあります。アクセスログに残るのはユーザーの行動の「結果」であって、その行動を起こした「原因」はわからないのです。アクセスログからは、ユーザーの心の内までは読み取れません。

たとえば、ヘルプのトップページの直帰率が高い状況があったとして、その原因までアクセスログから知ることはできません。1つのページに情報を詰め込みすぎているのかもしれませんし、記事のカテゴリー構成が不適切なのかもしれません。あるいは、ナビゲーションが使いづらいのかもしれません。配色、言葉遣い、動き、ボタンの大きさ、配置など、さまざまな要素がユーザーの行動に大きな影響を与えます。

そこで、ユーザーの行動を実際に目で確認し、改善策のアイデアを得るのがユーザーテストです。運用中のヘルプを改善するときだけでなく、新しくヘルプを制作するときにも、使いやすさの確認や設計のヒントを得るために利用できます。

ユーザーテストは、可能な限りターゲットユーザーに近い属性の人を被験者にします。大量の被験者を集めて行う必要はありません。5人程度で十分です。被験者が多すぎると、コストに見合う見返りが得られなくなってきます。

カードソーティング
——記事分類のユーザーテスト

情報を探しやすいヘルプにするには、ユーザーの思考に沿った情報分類が必要不可欠です。ユーザーはどのような言葉で情報を探すのか、どのような切り口での分類が適切かをさぐる必要があります。

カードソーティングは、最適な情報分類をさぐるために使えるローテクでシンプルなユーザーテストです。必要な道具は付箋とペンだけです。新しくヘルプを制作するときには、分類の切り口や言葉遣いについてのヒントが得られます。運用中のヘルプであれば、カテゴリー構成が適切かどうかを確認する目的にも使えます。

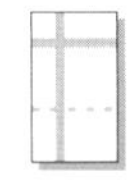

運用中のヘルプのカテゴリー構成をテストする場合

カードソーティングには、大きく分けて「クローズド」と「オープン」の2種類の方法があります。制作するヘルプのカテゴリー構成がある程度決まっている場合や、すでに運用しているヘルプのカテゴリー構成の有効性を確認したい場合には、クローズドカードソーティングを使います。

クローズドカードソーティングの流れを解説しましょう。まず、付箋にカテゴリー名やサブカテゴリー名を書き込んで、壁やホワイトボードに貼り付けます。次に記事のタイトルと簡単な概要を別の色の付箋に書き込みます。そしてユーザーに付箋を渡し、それぞれ属すると考えるカテゴリー名の下に付箋を貼り付けていってもらいます（**図9.1**）。

図9.1　クローズドカードソーティングの例

カテゴリー	カテゴリー	カテゴリー	カテゴリー
記事	記事	記事	記事
記事	記事	記事	サブカテゴリー
記事	サブカテゴリー	記事	記事
	記事		記事
	記事		

ヘルプ制作チームの想定と異なるカテゴリーに情報が配置されれば、ユーザーの考えとのズレを知ることができます。分類に迷う情報があれば、区別が付きづらいカテゴリー名があったり、カテゴリー名に意味の重複があった

りするかもしれません。配置すべきカテゴリーが見つからずに最後まで残ってしまった情報があれば、カテゴリーの構成がすべての情報をカバーできていないことがわかります。

テスト中のユーザーの発話も重要なデータです。テスト中は、考えていることや迷っていることなどを口に出しながら作業してもらいましょう。ユーザーの発話から、行動の背景や、どのような言葉で物事を考えているかを確認できます。テスト中に出た言葉はメモしておき、あとで振り返ることができるようにしておきます（**図9.2**）。

図9.2　クローズドカードソーティングを実施している様子

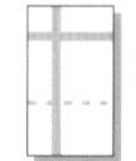

新規ヘルプのカテゴリー構成を検討する場合

ヘルプのカテゴリー構成がある程度決まった段階で使うクローズドカードソーティングに対して、カテゴリー構成が決まる前の段階で使う手法がオープンカードソーティングです。カテゴリーは事前に決めず、ヘルプに載せる記事を書き込んだ付箋だけをユーザーに渡して、自由に分類してもらいます

（**図9.3**）。すべての付箋を分類し終えたら、できたグループのそれぞれに名前を付けてもらいます。最後に、それぞれの付箋の山の中身と名前を記録します。

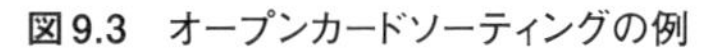
図9.3　オープンカードソーティングの例

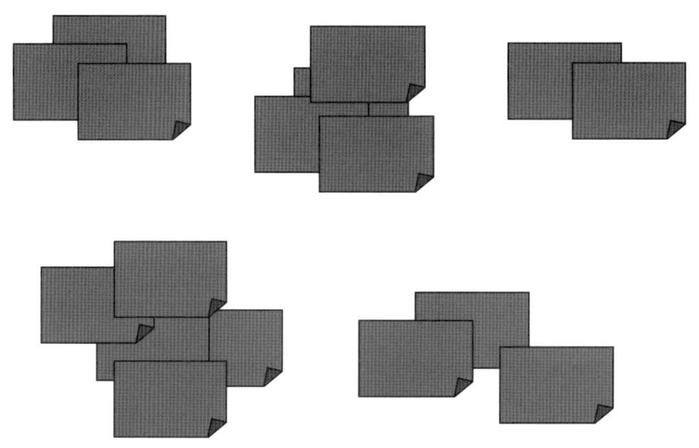

オープンカードソーティングでは情報分類のヒントを得られます。分類の結果はユーザーによりバラつきますが、ユーザーが思い浮かべる情報の構造や言葉を引き出すことができます。

カードソーティングはこのようにとてもシンプルなテストですが、ユーザーの思考を見抜く上で重要な情報を多く得られます。グループ分けや言葉遣いなど、ユーザーの頭の中で行われている情報整理の流れが見える化されます。

時間とコストが許せば、オープンカードソーティングとクローズドカードソーティングの両方を実施するとよいでしょう。初期段階ではオープンカードソーティングでユーザーの思考をさぐります。カテゴリー構成が固まってきたら、クローズドカードソーティングで有効性を確認します。

ナビゲーションと記事のユーザーテスト

「このヘルプわかりづらいな」と感じた場合のほとんどは、ナビゲーションか記事に問題があります。ユーザーは情報を得るためにヘルプにアクセスしているので、欲しい情報に辿り着けなかったり、辿り着けても説明がわからなかったり、あるいはそもそも必要な情報が載っていなかったりすると、目的を達成できず大きな不満につながります。

この節では、ナビゲーションと記事のユーザーテストについて流れに沿って解説します。このユーザーテストでは、ユーザーにプロダクトやヘルプを実際に使ってもらいます。ヘルプから情報を探したり、ヘルプの説明を参考にプロダクトを操作したりしてもらいます。カードソーティングと同じように、作業中に考えたことを口に出すようユーザーに依頼して、ユーザーの心の内をさぐります。

このテストからは、ヘルプの改善に役立つ数多くの情報が得られます。目的の情報を得られるか、ヘルプの説明を読んでプロダクトを操作できるか、ナビゲーションをどう使うか、どのような言葉で情報を探すか、ヘルプの印象はどうか、といったことを観察できます。クリック操作の数を数えたり、情報を見つけるまでにかかった時間を計ったりすれば、ヘルプの改善効果を確認することもできるでしょう。

可能であれば、被験者にはプロダクトの初心者と熟練者の両方を含めてください。両者ではヘルプを使う際の振る舞いが大きく異なります。

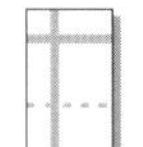

目的を設定する

最初に行うのは、テストの目的の設定です。テストで確認したいポイントをあらかじめ明確にしておきます。たとえば、次のような目的を設定します。

- ヘルプから○○の情報を見つけることができるか
- ヘルプの説明を参考にしながら、○○の設定を完了できるか

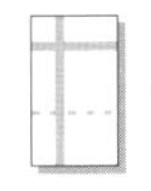

タスクを設定する

次に、目的の達成のためにユーザーが行うタスクを書き出します。タスクが複数あっても構いません。まずは簡単なタスクから始めて、難しいタスクへと移行していくとよいでしょう。タスクを完了できないと、申し訳ないという気持ちから焦りや緊張を感じてしまうユーザーも多くいます。簡単なタスクから始めることで、自信がついて緊張がほぐれます。そして難しいタスクへと移行していけば、タスクの達成が困難な状況になったときの振る舞いを観察できます。

既知項目検索、探求探索、全数探索など、情報探索のモデル（第3章を思い出してください）でタスクを分けることもおすすめです。ある設定項目についての説明といった特定の情報を見つけ出してもらうタスクや、ある機能についての情報を網羅的に探すタスクなどを用意します。

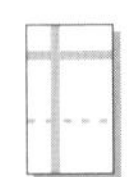

シナリオを用意する

テストではタスクをユーザーに依頼しますが、「一斉配信できるメールの上限数を調べて」などとほかの人から指示されてヘルプを開くような状況は、実際の使用状況に近いとはとても言えません。実際の使用状況を完全に再現することはできませんが、できる限り自発的に情報を取りにいく状況を作る必要があります。

自分が置かれている状況や、解決したい課題など、ユーザーにロールプレイをしてもらうために必要なシナリオを用意しましょう。シナリオはストーリー形式で組み立てます。たとえば、次のようなストーリーです。

シナリオの例

あなたは従業員数が100人程度の旅行代理店でマーケティングを担当しています。あなたが勤務する店では、過去に利用実績のある顧客にお得な旅行プランを紹介するメール配信を始めることになりました。
メール配信に使うサービスを検討していて、○○を試用しています。操作がわかりやすく気に入ったので、ヘルプを見て、配信数の上限など実用に耐えられそうか確認しておきたいと考えました。

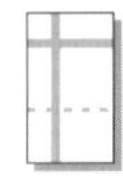

テスト前のストレッチ――思考発話の練習

考えていることを普段から声に出している人は稀でしょう。そのため、テストの被験者になることに慣れていない人は、つい思考を声に出すこと（思考発話）を忘れてテストを進めてしまいがちです。被験者がテストに不慣れな場合、テストの前に思考発話の練習をしてもらうことをおすすめします。

思考発話の練習は簡単です。5分程度、任意のWebサイトを使いながら考えていることを声に出してもらいましょう。もちろん練習なので、発話内容を記録する必要はありません。

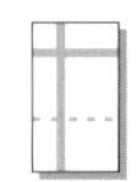

テストを実施する

ここまでの準備ができたら、テストを実施しましょう。シナリオをユーザーに提示して、プロダクトやヘルプを使ってもらいます。

シナリオは口頭で伝えず、紙面に書いてユーザーに読んでもらうことをおすすめします。口頭で伝えると、伝え漏れや聞き間違い、口調による伝わり方の違いが起こりやすくなります。

人に見られていることを意識すると緊張してしまうユーザーもいるので、テスト中は被験者からできるだけ離れて観察しましょう。ユーザーを別の部屋から観察できるテスト専用室で行うことが理想です。

テスト中にユーザーが操作に迷っている様子を見ると、制作者はつい口を挟みたくなってしまうものですが、ぐっと堪えてください。実際のヘルプの利用現場では、制作者が助言することはできません。ユーザーから質問を受けた場合も、タスクの内容についての質問であれば回答する必要がありますが、ヘルプやプロダクトの使い方についての質問には答えないようにします。操作に行き詰まってしまい、質問に回答しなければ先に進めない場合は、「あなたは今の状況をどのように理解していますか？」とその時点での理解状況を確認してから質問に回答してください。

テスト中は、ユーザーの行動や発話を注意して観察してください。迷っている様子が観察されたらメモしておき、テストのあとでなぜ迷っていたのか聞きましょう。

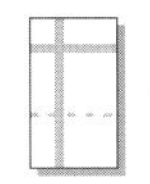

テスト後のインタビュー

テストが終了したら、ユーザーに感想を述べてもらいましょう。確認しておくべきポイントを挙げます。

- ヘルプを使って総合的にどう感じたか
- 情報を探している間に迷ったところはあったか
- 記事を読んでどう感じたか（わかりやすかった、圧倒された、など）
- 記事をどの程度まで理解できたか

ユーザーテストは「百聞は一見にしかず」です。記録されたテスト結果だけをあとから見ても、臨場感が伝わりにくいものです。テストの現場でユーザーが苦労している姿を実際に見ることが重要です。ヘルプ制作の関係者は、できるだけテストの現場に参加するようにしてください。テストの合間にも制作チームで議論し、課題を解決するアイデアを発展させましょう。「鉄は熱いうちに打て」です。

アジャイル開発に対応するヘルプ管理システム

いよいよ最終章です。この章では、サイボウズで運用しているヘルプの管理システムを紹介します。

ヘルプを取り巻く環境の変化——アジャイル開発への対応

サイボウズでは、プロダクトの開発にアジャイル開発手法を取り入れています。アジャイル開発手法とは、開発期間を「イテレーション」（反復）と呼ばれる短い期間に区切って開発を進める手法です。イテレーションごとに計画、設計、実装、テスト、リリースのサイクルを繰り返します（**図10.1**）。

図10.1　アジャイル開発のサイクル

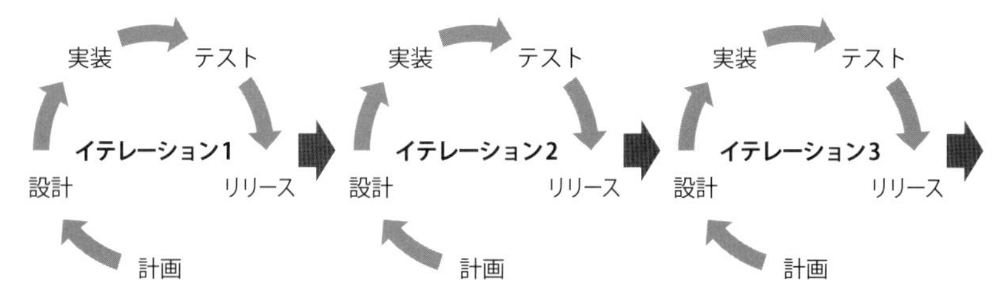

開発途中の仕様変更に対応しやすいことがアジャイル開発の特長です。「要求仕様は変化するもの」という前提のもとで、開発を開始する時点では全体の仕様を厳密に決めず、イテレーションごとに実際に動く画面や機能を作成し、フィードバックを得ながら計画を修正していきます。

アジャイル開発では、開発期間が短縮され、新機能や機能改善が高頻度にリリースされます。それは、ヘルプにとっては制作にかけられる期間が短くなることを意味します。さらには、プロダクトの仕様変更やリリース計画の変更への対応も必要になってきます。

アジャイル開発に対応したヘルプ管理システム

このようなアジャイル開発では、ヘルプの管理システムに「変化への対応」と「記事の制作工程の短縮」が求められます。

アジャイル開発に対応したサイボウズのヘルプ管理システムの構成が**図10.2**です。この節では、このシステムが実現する効率化のポイントを解説します。

図10.2　ヘルプ管理システムの構成

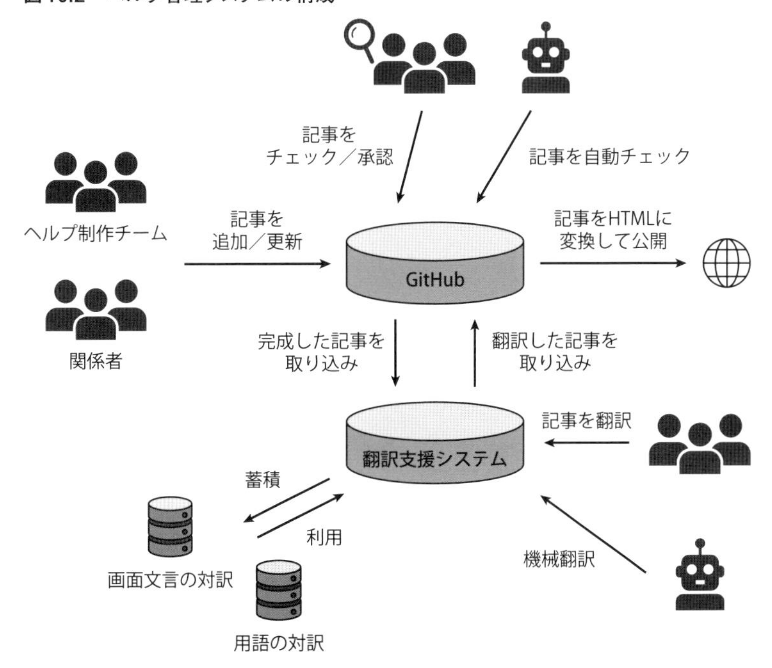

記事制作を効率化する

効率化の1つめのポイントは、記事の制作です。

マークダウン記法を使って記事を作成する

記事はマークダウン記法で書きます。マークダウンとは文書を記述するための軽量マークアップ言語の1つで、見出し、本文、箇条書きなどの文章構造を簡単な記法で表現できます。たとえば、次のような書き方ができます。

見出し

```
# レベル1の見出し
## レベル2の見出し
### レベル3の見出し
```

箇条書き

```
* 番号なし箇条書きの1つめの項目
* 番号なし箇条書きの2つめの項目
```

番号付き箇条書き

```
1. 番号付き箇条書きの1つめの項目
1. 番号付き箇条書きの2つめの項目
```

記法さえ覚えれば、慣れるとリッチエディターより素早く文書を書けます。ツールを選ばず、テキストエディターさえあれば文書を書けることもメリットです。「Microsoft Visual Studio Code」など、マークダウンの表示をプレビューしながら文書を書ける高機能なエディターもあります。また、記法を覚えなくてもリッチエディターでマークダウンの文書を書ける「Typora」などのツールもあります。

マークダウン記法で書いた文書は、さまざまなツールでHTMLやPDFなどに変換できます。サイボウズのヘルプ管理システムでは、HTMLへの変換ツールがWebサーバーに組み込まれています。後述するGitHubにマークダウン記法で書いた記事を保存すると、自動的にHTMLに変換されてWebサーバーで公開されます。

バージョン管理システムを使って記事を管理する

マークダウン記法で記事を作る最大のメリットは、GitやSubversionなどのバージョン管理システムを使った記事の管理が容易なことにあります。マークダウンファイルはシンプルなテキストファイルなので、バージョン管理システムで記事を管理すれば、いつ、誰が、どのような目的で、どのように記事を変更したのかを記録できます（**図10.3**）。

図10.3　記事の変更履歴

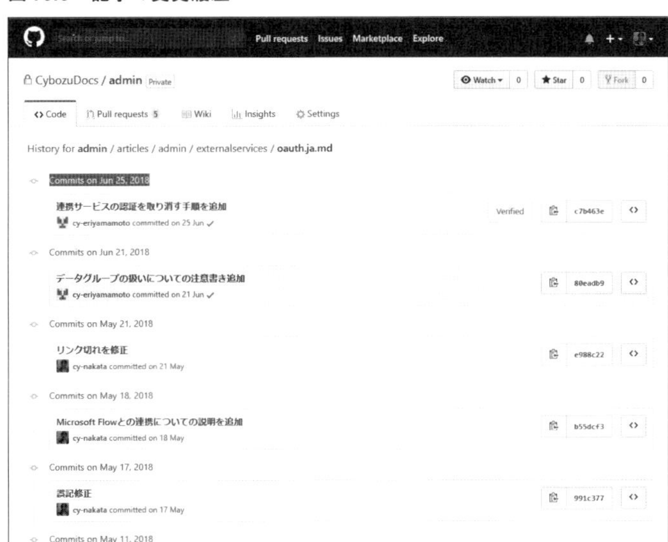

バージョン管理システムを使った記事の管理には、ほかにも次のメリットがあります。

- 変更を加えた記事の過去の状態を確認したり、変更前の状態に戻したりできる
- 要件Aを反映したバージョン、要件Bを反映したバージョン、というように記事をバージョン管理し、必要に応じて統合できる
- 複数人が同一の記事を編集することによる変更箇所の競合を解決しやすい
- データのバックアップをとっておける
- 制作した記事をチェック担当者がチェックする際に、記事の差分をわかりやすく表示できる

これらの機能を活用することで、プロダクトの仕様やリリース計画の変更に対応しやすくなります。

サイボウズのヘルプ管理システムでは、マークダウンで書かれた記事をGitHubで管理しています。GitHubはバージョン管理システムの1つで、チームでの開発に必要なバージョン管理機能とコミュニケーション機能を提供するWebサービスです。記事のバージョン管理にGitHubを使うことで、制作した記事のチェックに便利な「プルリクエスト」という機能を利用できるようになります。GitHubを使った運用の詳細は後述します。

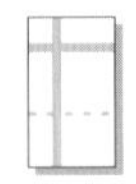

チェックを効率化する

効率化の2つめのポイントは、制作した記事のチェックです。記事の制作工程を短縮するためには、記事の制作だけでなく、制作した記事のチェックを効率化することも欠かせません。

プルリクエストを使って記事をチェックする

GitHubの「プルリクエスト」機能は、変更したファイルの反映をリクエストする機能です。「こういう変更をしたので、問題なければ反映してください」という依頼を出すことができます。変更を反映する権限を持つ担当者が承認すると、変更が反映されます(**図10.4**)。そのままでは反映できない変更の場合は、依頼者に対して修正を求めたり、チェック担当者自身が修正したりすることで対処できます。

図10.4　プルリクエスト機能

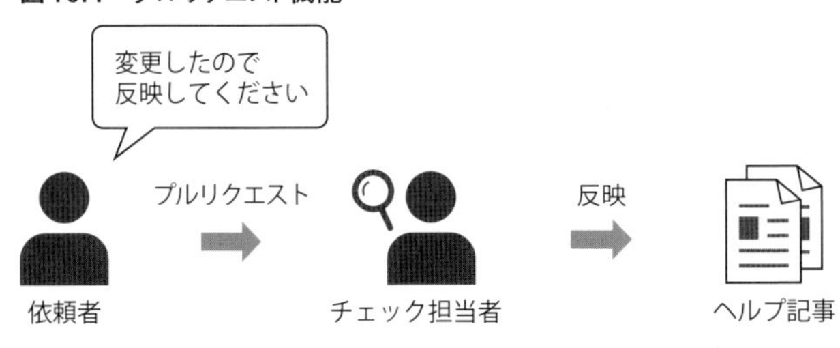

このプルリクエスト機能の存在が、GitHubがオープンソースソフトウェアの開発に多く使われるようになった主な理由です。この機能によって、多くの開発者がオープンソースソフトウェアの開発に参加しやすくなりました。GitHubだけでなく、GitLabやBitBucketなどそのほかのバージョン管理システムでも同様の機能を利用できるようになっています。

このプルリクエスト機能は、ヘルプの記事のチェックを回すためにも便利な仕組みです。サイボウズのヘルプ管理システムでは、プルリクエスト機能を活用して記事のチェックを効率化しています。記事をマークダウン記法で書くことで、チェックのときに記事の差分をわかりやすく表示できるようになっています（**図10.5**）。

図10.5　プルリクエストで表示される記事の差分

ヘルプの制作チーム以外の関係者も、プルリクエスト機能を使って記事の改善や修正の依頼を出すことができます。ヘルプを運用すると、カスタマーサポートチームなどから改善や修正の依頼を多く受けるようになりますが、依頼者が記事を編集できる仕組みにすることで、情報伝達ロスを減らして効率的に運用できるようになります（**図10.6**）。

図10.6　ヘルプ制作チーム以外の関係者もプルリクエストを出せる

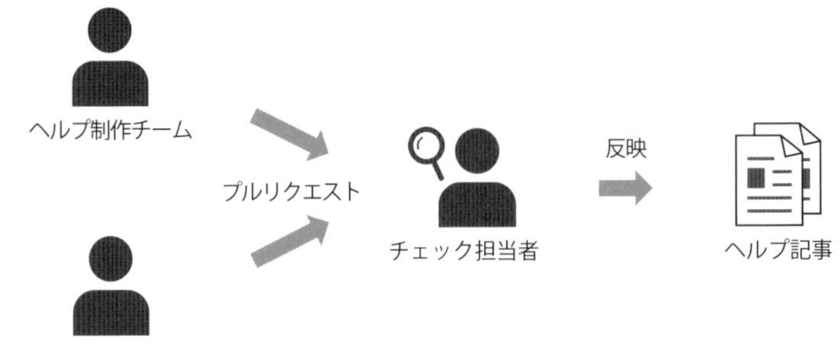

文章やリンクのチェックを自動化する

記事のチェックをさらに効率化するために、サイボウズでは人が行っていたチェックの自動化を進めています。人が行うレビューの前にツールによる自動チェックを通すことで、あらかたの問題を事前に検出して修正しておきます。

CI（Continuous Integration）ツールとの連携が容易なことも、GitHubを使った運用のメリットです。CIとは、ソフトウェア開発においてテストプロセスを自動化または半自動化し、頻繁に細かくテストすることによって不具合を早期に見つけ、修正の手戻りを減らすことで開発を効率化する手法です。CIツールは、テストプロセスの自動化を支援してくれるツールです。

CIの考えはソフトウェア開発に限ったものではありません。ヘルプの制作にもCIツールを組み込むことで、記事のチェックを効率化できるだけでなく、チェック漏れを減らせます。

サイボウズのヘルプ管理システムでは、GitHubをCIツールと連携させてチェックツールを自動実行しています。プルリクエストが出されたら、まずはツールが記事の変更内容をチェックします（**図10.7**）。

図10.7　自動チェックツールによる事前チェック

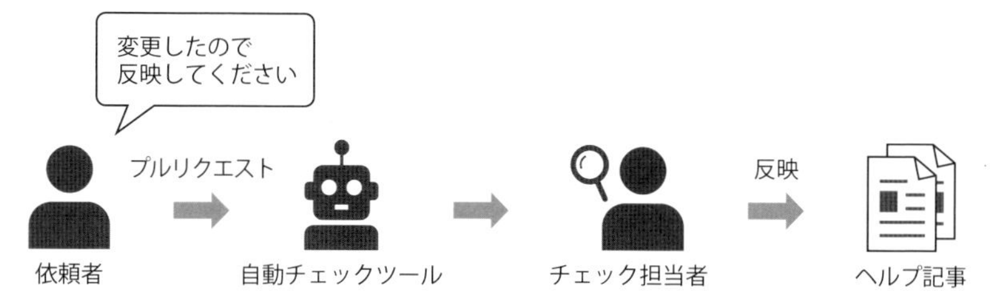

チェックツールは次の点をチェックします。

- スタイルガイド（第5章で解説）に沿っているか
- NGワードが使われていないか
- 誤字脱字やスペルミスがないか
- リンク切れがないか

さらに、後述する機械翻訳を適用しやすくするため、「翻訳しやすさ」という視点からのチェックの導入を進めています。

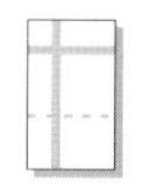

翻訳を効率化する

多言語展開するプロダクトでは、ヘルプの翻訳が必要になるでしょう。マークダウン記法で記事を書くことには、「翻訳しやすい」というメリットもあります。マークダウンファイルはシンプルなテキストファイルなので、容易に他国語に翻訳できます。

翻訳支援システムと連携する

翻訳を大きく効率化してくれるのが、翻訳支援システムです。翻訳支援システムは、過去の訳文をデータベースに蓄積します。新規翻訳の際には、過去の訳文の中から似た文を抽出し、訳文の候補として提案してくれます（**図10.8**）。主な翻訳支援システムには、SDL Trados Studio、Memsource、Google Translation Toolkitなどがあります。

図10.8　翻訳支援システムの働き

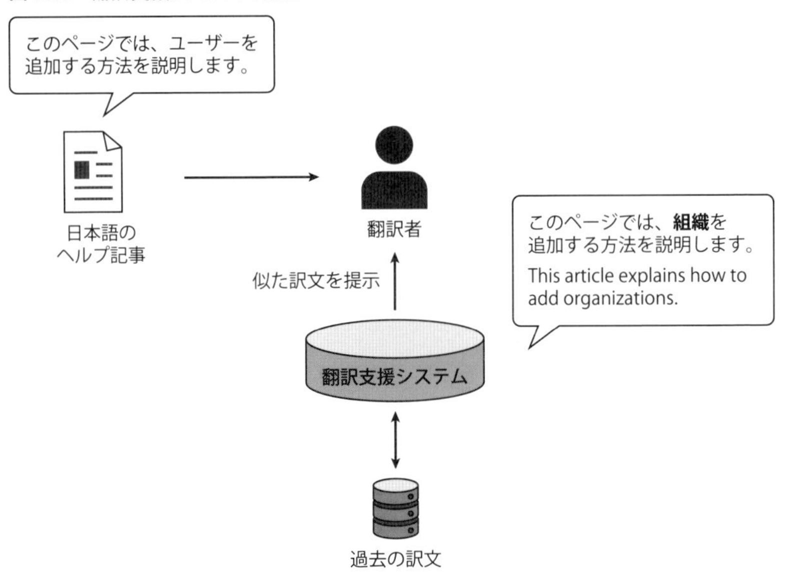

サイボウズのヘルプ管理システムでは、完成した記事は翻訳支援システムに取り込まれます。翻訳者が記事を翻訳すると、翻訳されたマークダウンファイルが翻訳支援システムから出力され、GitHubに取り込まれます。

機械翻訳

ニューラルネットワークやディープラーニングの技術を活用したニューラル機械翻訳の登場により、近年は機械翻訳の精度が目覚ましく向上しています。ヘルプのような技術文書は定型文が多く、比較的機械翻訳を適用しやすい分野です。翻訳者による翻訳に加えて、機械翻訳を併用することで、翻訳をさらに効率化できます。

ただし、ニューラル機械翻訳に特有の誤訳や訳漏れが起こることがあるので注意が必要です。ニューラル機械翻訳は、従来の統計的手法による機械翻訳と比べて、誤訳の少なさや流暢さでは上回るものの、一部の語や文が消える訳漏れが起こりやすいと言われています[注1]。また、まったく異なる意味の訳になることもあります。翻訳結果はそのまま利用せず、できる限り翻訳者が

注1　https://www.jstage.jst.go.jp/article/johokanri/60/5/60_299/_html/-char/ja/

確認するべきです。

また、ヘルプでは対訳が決まっている語があります。プロダクトの画面上の用語や、独自の用語などです。そのような対訳が決まった語は正確に訳さなければ、誤解につながります。ヘルプ内での画面上のボタン名が実際の画面と違っていたら、説明を読んだユーザーは混乱するでしょう。そのため、サイボウズのヘルプ管理システムでは、プロダクトの画面上の用語や独自の用語の対訳データベースを蓄積し、機械翻訳エンジンに学習させています。

CMSへの取り込みを効率化する

翻訳のプロセスで意外と時間がかかるのが、翻訳結果をCMSに取り込むプロセスでしょう。サイボウズでも、過去に使用していたCMSではこのプロセスに何日もの時間を要していました。

記事をマークダウン記法で書くことは、ここでも効力を発揮します。サイボウズのヘルプ管理システムでは、翻訳されたマークダウンファイルをGitHubに保存するだけで、自動的にHTMLファイルに変換されてWebサーバーで公開される仕組みになっています。

GitHubを使ったサイト運用のワークフロー

前節では、サイボウズのヘルプ管理システムの全体像を解説しました。ここからは、ヘルプの制作にGitHubを活用するための「ブランチ」の運用を解説します。

先述のとおり、アジャイル開発ではプロダクトのリリースが高頻度にあり、さらに仕様やリリース計画が開発工程の中で随時見直されていきます。このような開発工程に合わせてヘルプを運用するには、ブランチの運用が肝になります。

なお、この節で解説する内容はGitとGitHubの知識を必要とします。本書ではGitとGitHubの仕組みについての詳細は省きますので、詳しくはWebや専門書を参照してください。

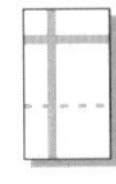

ブランチとは

GitHubなどのバージョン管理システムでは、ファイル群の変更履歴を分岐して記録していくことができます。分岐したそれぞれの変更履歴のことを「ブランチ」(branch) と呼びます (**図10.9**)。ブランチとは英語で「枝」の意味で、まさに幹から分岐していく枝のイメージです。

図10.9　ブランチのイメージ

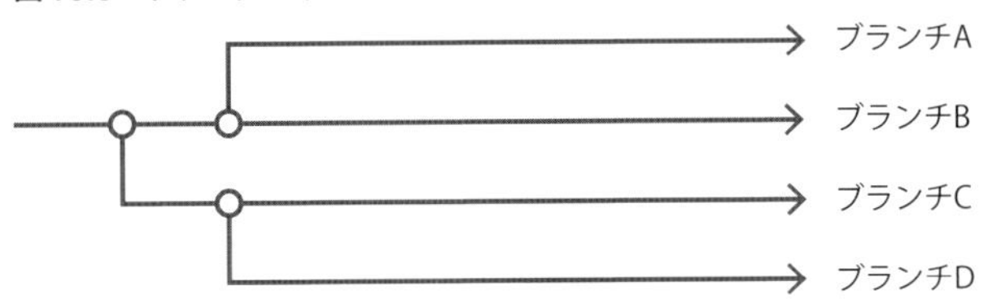

木にたとえてブランチを説明しましたが、次のように木との違いもあります。

幹がない

木には幹がありますが、GitHubのバージョン管理には幹の概念はありません。公開中のファイルも、そこから分岐したものも、すべてブランチ (枝) です。

ブランチをほかのブランチに合流させることができる

木の枝は通常合流しませんが、GitHubのバージョン管理では、ブランチをほかのブランチに合流させることができます。この操作を「マージ」と呼びます。ブランチをマージすると、マージ元のブランチに加えた変更がマージ先のブランチに反映されます。

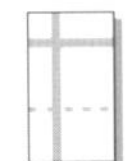

ブランチを活用するメリット

分岐したブランチは分岐元のブランチやほかのブランチから独立するので、ブランチに加えた変更はほかのブランチに影響しません。そのため、公開中のファイルやほかのブランチへの影響を気にすることなくファイルを編集していけます。

ヘルプの記事を作成／編集するときは、いきなり公開中のブランチで作業するのではなく、そこから分岐する作業用のブランチを作ってから、その作業用ブランチで記事を作成／編集するのが原則です。作業が完了したら、作業用ブランチを公開中のブランチにマージします。このようなワークフローにすることで、次のメリットがあります。

公開のタイミングを調整できる

先述のとおり、アジャイル開発では各要件のリリース計画が随時見直されていきます。そのため、プロダクトの開発要件ごとにヘルプに反映するタイミングを調整する必要があります。

プロダクトの開発要件ごとに分けて作業用ブランチを作ることで、それぞれのブランチで作成／編集した記事を公開環境のヘルプに反映するタイミングを自由に調整できるようになります。

開発要件の変更に合わせやすくなる

プロダクトの開発要件ごとに分けて作業用ブランチを作ると、要件に変更があったときにも、その要件に対応した作業用ブランチに要件の変更を反映するだけで済みます。また、もし要件がキャンセルされたとしても、キャンセルされた要件に対応する作業用ブランチを削除するだけです。

プルリクエストを活用できる

作業用ブランチを公開中のブランチにマージする際には、先述のプルリクエストを使います。プルリクエストを使うことで、マージする前に変更内容をほかの制作メンバーにチェックしてもらうことができます。チェックしたメンバーが承認した場合だけ、マージできるようになります。

このようにプルリクエストを活用することで、作成／編集した記事を公開前にチェックする仕組みを作れます。

また、「プロダクトの開発要件」と「ヘルプの変更内容」の対応が明確になるので、チェック担当者は効率的にチェックできます。

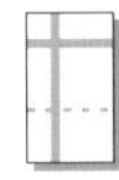

ブランチの種類と用途

サイボウズのヘルプ運用では、次の3種類のブランチを作成します。

- 公開用のブランチ
- 作業用のブランチ
- プロダクトのリリースに対応するブランチ

枝分かれの全体像を表したものが**図10.10**です。各ブランチの用途を**表10.1**で説明します。

図10.10 ブランチ運用の全体像

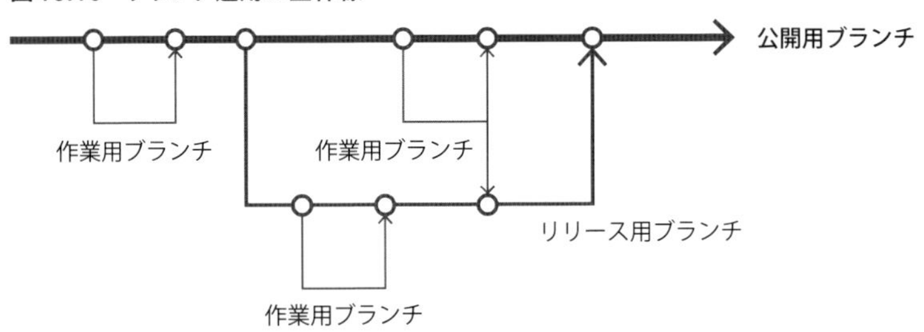

表10.1 ブランチの種類と用途

ブランチの種類	用途
公開用ブランチ	公開環境のファイルを管理するブランチです。一般的なブランチ名は「master」です。
作業用ブランチ	ヘルプを更新する目的ごとに作成するブランチです。たとえば次のような目的が考えられます。このブランチには、ヘルプを更新する目的がわかりやすい名前を付けます。 ● プロダクトの開発要件 ● 誤記の修正 ● 説明の改善 ● ナビゲーションの改善 ● デザインの変更
リリース用ブランチ	プロダクトのリリースに対応付けて作成するブランチです。このブランチには、プロダクトのバージョン番号やリリース時期など、リリースとの対応がわかりやすい名前を付けます。

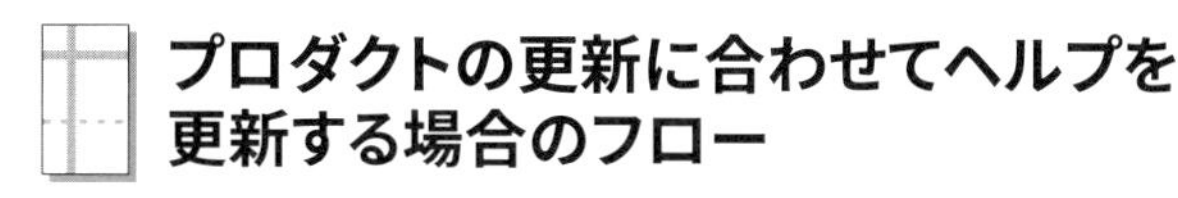

プロダクトの更新に合わせてヘルプを更新する場合のフロー

ここからは、ブランチを活用したヘルプ更新の具体的なフローを解説していきます。

ヘルプの更新フローは、プロダクトの更新に合わせてヘルプを更新する場合とそれ以外の場合で異なります。プロダクトの更新に合わせてヘルプを更新する場合は、プロダクトの更新がリリースされるタイミングに合わせてヘルプを更新する必要があるからです。

まずは、プロダクトの更新に合わせてヘルプを更新する場合のフローを解説します。

リリース用ブランチを作成する

プロダクトの機能開発が開始されたら、そのリリースに対応するリリース用ブランチを作成します（**図10.11**）。リリース用ブランチには、プロダクトのバージョン番号やリリース時期など、プロダクトのリリースとの対応がわかりやすい名前を付けます。たとえば、「Version 1.1.1」のような名前です。

図10.11　リリース用ブランチの作成

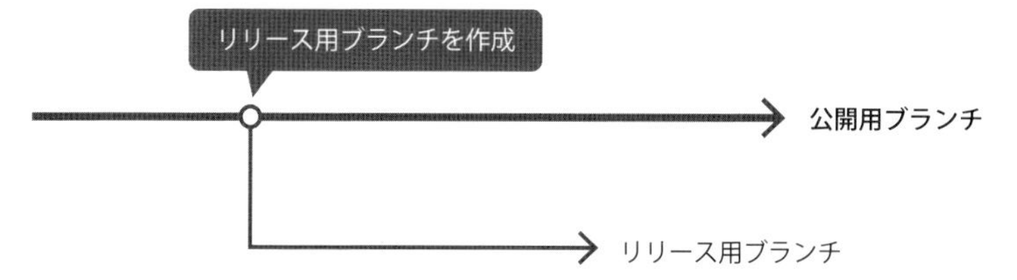

作業用ブランチを作成する

リリース用ブランチから分岐した作業用ブランチを作成し、記事の作成や編集を開始します（**図10.12**）。作業用ブランチは、プロダクトの開発要件ごとに分けて作成します。理由は先述のとおりです。作成する作業用ブランチには、対応する要件がわかる名前を付けます。

図10.12　作業用ブランチの作成

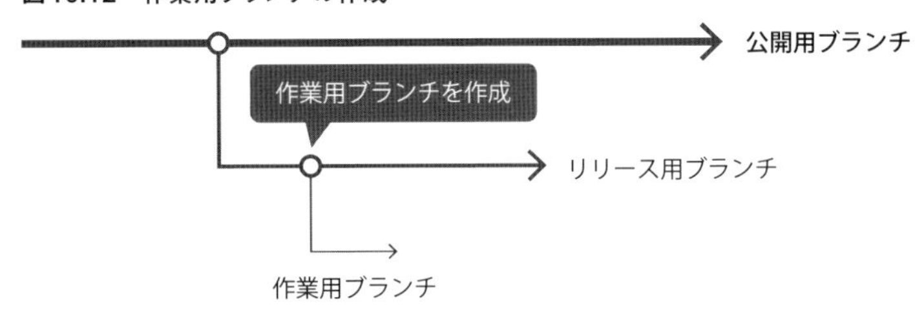

作業用ブランチをリリース用ブランチにマージする

作業用ブランチでの記事の作成や編集が完了したら、その作業用ブランチをリリース用ブランチにマージします（**図10.13**）。

図10.13　作業用ブランチのマージ

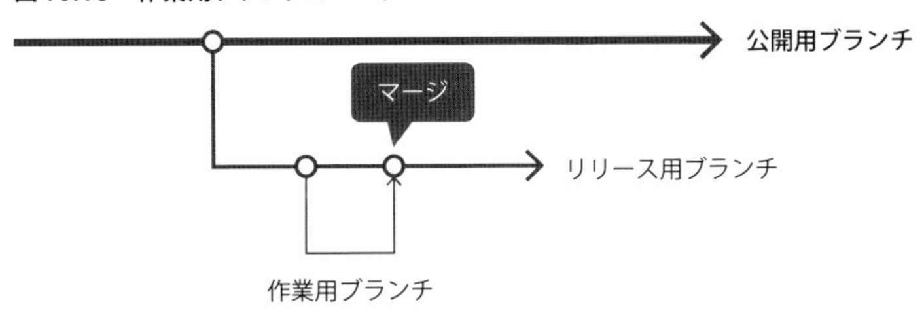

マージにはプルリクエストを使います。チェック担当者が記事の変更内容を確認して承認したら、変更内容がリリース用ブランチに反映されます。サイボウズのヘルプ管理システムでは、チェック担当者による確認と合わせてチェックツールも自動実行される仕組みになっています。

マージが完了したら、作業用ブランチは不要になるので削除します。

リリース用ブランチを公開用ブランチにマージする

プロダクトの更新がリリースされるタイミングに合わせて、リリース用ブランチを公開用ブランチにマージします（**図10.14**）。チェック担当者が最終確認して承認したら、リリース用ブランチの変更内容が公開用ブランチに反映されます。サイボウズのヘルプ管理システムでは、公開用ブランチのファイルは公開環境のヘルプに自動的に反映される仕組みになっています。

サイトの更新が完了したら、リリース用ブランチは不要になるので削除します。

図10.14　リリース用ブランチのマージ

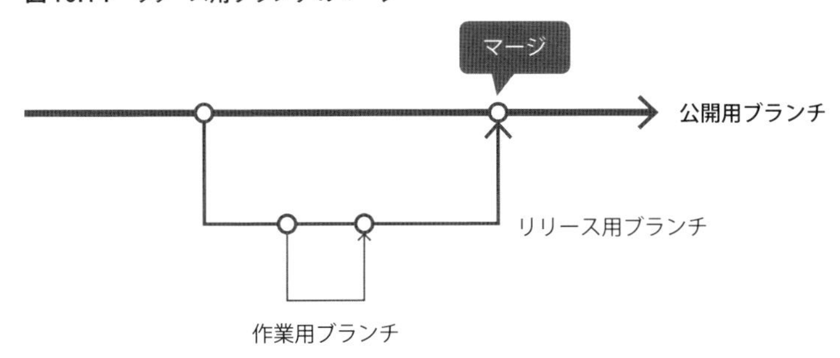

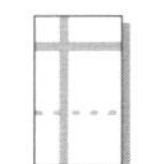

プロダクトの更新と対応しないヘルプ更新のフロー

次のような作業は、プロダクトのリリースとは無関係に、完了次第いつでも公開できます。

- 記事の改善
- ナビゲーションの改善
- デザインの変更
- 誤記の修正

特に、誤記の修正はできるだけ早く公開しなければなりません。このような、プロダクトの更新とは対応しないヘルプ更新のフローを見ていきましょう。プロダクトの更新に合わせる場合と比べると、シンプルなフローでヘルプを更新できます。

作業用ブランチを作成する

プロダクトの更新に合わせてヘルプを更新する場合と同じように、まずは作業用ブランチを作成します（**図10.15**）。ただし、公開用ブランチから分岐してブランチを作る点が異なります。

図10.15　公開用ブランチから作業用ブランチを作成する

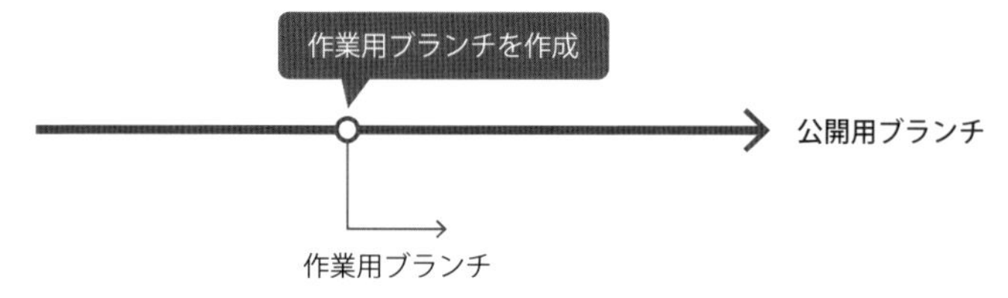

作成する作業用ブランチには、ヘルプを更新する目的がわかる名前を付けます。たとえば次のような名前です。

- ○○○の誤記を修正
- 検索ボックスのデザインを変更

作業用ブランチを公開用ブランチにマージする

更新作業が完了した作業用ブランチは、公開用ブランチにマージします（**図10.16**）。チェック担当者が確認して承認したら、作業用ブランチに加えた変更が公開用ブランチに反映されます。

図10.16　作業用ブランチのマージ

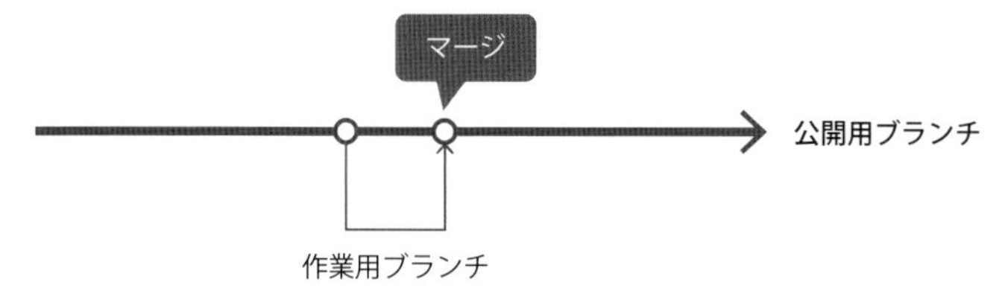

リリース用ブランチも存在している場合は、リリース用ブランチを最新の状態に保つため、作業用ブランチをリリース用ブランチに対してもマージしておきます（**図10.17**）。これで、ヘルプの更新は完了です。

図10.17　リリース用ブランチにもマージする

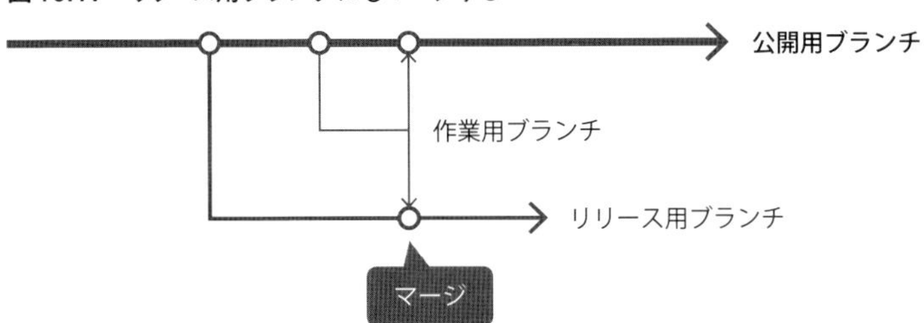

以上でブランチの運用についての解説を終えますが、ここで解説したブランチの運用は、あくまで一例です。チームの事情によって最適な運用方法は異なるでしょう。ぜひ、より良い運用方法をさぐってください。制作チームのメンバーが迷いなく使いこなせるよう、ブランチの種類はできるだけ少なく絞り込むことをおすすめします。

近年、アジャイル開発手法はますますの広がりを見せています。それに伴い、ヘルプの制作現場を取り巻く環境も変化しています。ヘルプを素早く更新していくための仕組み作りは避けては通れないでしょう。この章で紹介したサイボウズのヘルプ管理の仕組みが、その一助になれば幸いです。

参考文献

- ジェームス・カルバック著、長谷川敦士、浅野紀予監訳、児島修訳『デザイニング・ウェブナビゲーション』オライリー・ジャパン、2009年
- 永山嘉昭、山崎紅著『説得できる図解表現200の鉄則 第2版』日経BP社、2010年
- 佐々木秀憲、稲葉修久、小田切紳、藤岡浩志、井水大輔、平野泰章、小田則子、窪田望、古橋香緒里著、小川卓、江尻俊章監修『Googleデータスタジオによるレポート作成の教科書』マイナビ出版、2018年
- ルイス・ローゼンフェルド、ピーター・モービル、ジョージ・アロンゴ著、篠原稔和監修、岡真由美訳『情報アーキテクチャ 第4版』オライリー・ジャパン、2016年
- 一般財団法人テクニカルコミュニケーター協会編著『日本語スタイルガイド 第3版』テクニカルコミュニケーター協会出版、2016年
- 黒田聡、雨宮拓、徳田直樹、高橋陽一著『業務システムのためのユーザーマニュアル作成ガイド』翔泳社、2009年
- チップ・ハース、ダン・ハース著、飯岡美紀訳『アイデアのちから』日経BP社、2008年
- 大塚弘記著『GitHub実践入門』（WEB+DB PRESS plusシリーズ）技術評論社、2014年
- アラン・クーパー著、山形浩生訳『コンピュータは、むずかしすぎて使えない！』翔泳社、2000年

参考Webサイト

- アナリティクス ヘルプ
  https://support.google.com/analytics/
- データポータルのヘルプ
  https://support.google.com/datastudio/
- Slack Help Center
  https://get.slack.help/hc/en-us
- kintoneヘルプ
  https://jp.cybozu.help/k/ja/index.html
- サイボウズ Office マニュアル
  https://jp.cybozu.help/ja/o/index.html
- クラウド版 Garoon ヘルプ
  https://jp.cybozu.help/ja/g/index.html
- サイボウズKUNAIマニュアル
  https://manual.cybozu.co.jp/kunai/
- JTF日本語標準スタイルガイド（翻訳用）
  https://www.jtf.jp/jp/style_guide/styleguide_top.html
- Google Developer Documentation Style Guide
  https://developers.google.com/style/
- ウィキペディア「色相 — Wikipedia」
  https://ja.wikipedia.org/wiki/色相
- 検索エンジン最適化（SEO）スターター ガイド
  https://support.google.com/webmasters/answer/7451184?hl=ja
- パンくずリスト（Google Developers）
  https://developers.google.com/search/docs/data-types/breadcrumb?hl=ja

索引

さ行

た行

な行

は行

ま行

や行

ら行

仲田 尚央（なかた なおひろ）
サイボウズ株式会社にて、システムエンジニア経験を経て、ヘルプ制作チームでテクニカルライターとしてサイボウズ製品関連の技術情報発信、ヘルプやマニュアルの制作、製品画面のメッセージ設計などに従事。Webサイトの設計から、コーディング、ライティング、アクセスログ分析まで幅広く取り組む。現在はチームマネージャーとして、多言語の大規模Webサイトを効率的に運用する仕組み作りに注力中。

山本 絵理（やまもと えり）
新聞社での整理記者を経て、サイボウズ株式会社に入社。ヘルプ制作チームでテクニカルライターとしてサイボウズ製品関連のヘルプやマニュアルの制作、製品画面のメッセージ設計などに従事。近年はヘルプのアクセスログやオンラインアンケートの分析、改善アクションにつながる分析レポートの制作、およびヘルプのアクセシビリティ向上に注力している。

●カバーデザイン
西岡 裕二
●本文デザイン・レイアウト・編集
株式会社トップスタジオ
●編集アシスタント
北川 香織
●編集
池田 大樹

WEB+DB PRESS plusシリーズ
ヘルプサイトの作り方

2019年 3月 2日　初　版　第1刷発行

著　者　仲田 尚央、山本 絵理
発行者　片岡 巌
発行所　株式会社技術評論社
東京都新宿区市谷左内町21-13
電話　03-3513-6150　販売促進部
03-3513-6175　雑誌編集部
印刷／製本　港北出版印刷株式会社

定価はカバーに表示してあります。

ISBN 978-4-297-10404-7 C3055
Printed in Japan

本書に関するご質問は記載内容についてのみとさせていただきます。本書の内容以外のご質問には一切応じられませんので、あらかじめご了承ください。
なお、お電話でのご質問は受け付けておりませんので、書面または弊社Webサイトのお問い合わせフォームをご利用ください。

〒162-0846
東京都新宿区市谷左内町21-13
株式会社技術評論社
『ヘルプサイトの作り方』係
URL https://gihyo.jp/
（技術評論社Webサイト）

ご質問の際に記載いただいた個人情報は回答以外の目的に使用することはありません。使用後は速やかに個人情報を廃棄します。